量 值 传 递 与 溯 源

Transfer and Traceability of Quantity Value

李东升　郭天太　编著

ZHEJIANG UNIVERSITY PRESS
浙江大学出版社
·杭州·

图书在版编目(CIP)数据

量值传递与溯源 / 李东升，郭天太编著. —杭州：浙江
大学出版社，2009.7（2023.1重印）
（高等院校理工类系列教材）
ISBN 978-7-308-06906-9

Ⅰ. 量… Ⅱ. ①李…②郭… Ⅲ.计量仪器－高等学校－
教材 Ⅳ. TH71

中国版本图书馆 CIP 数据核字(2009)第 115905 号

本书系统介绍了计量操作过程中的核心内容——量值传递与量值溯源的基础知识，主要包括量值传递与溯源概论、国际计量单位及其发展过程、量值传递、计量检定与计量比对、量值溯源、实验室能力考核等内容。

本书为高等学校测控技术与仪器专业的教材，也可作为信息类、管理类和其他有关专业的教材，同时可供新进入计量测试、质检、标准行业的科技人员使用。

量值传递与溯源

李东升　郭天太　编著

责任编辑	杜希武
出版发行	浙江大学出版社
	（杭州市天目山路 148 号　邮政编码 310007）
	（网址：http://www.zjupress.com）
排　　版	浙江时代出版服务有限公司
印　　刷	广东虎彩云印刷有限公司绍兴分公司
开　　本	787mm×1092mm　1/16
印　　张	9.75
字　　数	243 千
版 印 次	2009 年 7 月第 1 版　2023 年 1 月第 5 次印刷
书　　号	ISBN 978-7-308-06906-9
定　　价	30.00 元

前　言

随着经济全球化的发展,特别是我国加入 WTO 后,我国的国际贸易额日益增长,种类日趋繁多,计量作为保证测量单位统一和量值准确可靠的活动,其作用日益重要,对专业计量人才的需求也在不断增长。但是,由于种种原因,计量在我国目前还没得到与其重要作用相匹配的重视程度,具体表现在对计量的宣传、贯彻和执行等多个方面,而对于专业计量人才的培养也不能满足社会对高素质计量人员的需求,目前主要吸收测控、信息类专业毕业生进入计量测试行业。这一问题如果得不到妥善解决,将会影响我国国民经济的稳定、可持续发展。

针对这一问题,许多高等院校开始开设计量学方面的课程,但目前的教材一方面数量很少,另一方面内容比较分散,难以满足当前教学的需要。此外,由于计量学牵涉到的内容学科背景复杂、学科交叉性较强,因此,在教学过程中往往局限于基本概念和基础知识的介绍,难以达到让学生深入理解计量学的目的。

计量的本质是一种管理性的技术活动,其权威来自于它的法定性和强制性,这意味着其操作过程——量值传递与溯源构成了计量的核心部分,这也是与社会经济生活密切相关的部分,但是在目前的计量学教学中又是最缺乏深入讨论的部分。目前国内尚无此类教材。

中国计量学院已经在全校范围内开设公共选修课《计量学基础》多年。长期的教学实践和用人单位意见反馈表明,为了使学生对计量有全面、系统、深入的理解,有必要让学生掌握量值传递与量值溯源的知识。为此,在中国计量学院测控技术与仪器专业的教学计划中增设了《量值传递与溯源》课程,一经开出,学生对该课程反应的热烈程度完全出乎我们的意料,这给我们以极大的鼓舞,使我们有充足的信心继续建设好该课程。学校建议将该教材作为特色教材出版。因此,我们组织编写了本书,试图起到抛砖引玉的作用。

本书由中国计量学院计量测试工程学院李东升和郭天太两位老师编著。其中,李东升编写了第一章;郭天太编写了第三、四、五、六章;第二章为李东升、郭天太合作编写。硕士生郭琳、禹静、李轶凡等绘制了书中部分插图。中国计量学院计量测试工程学院对本书的编写工作给予了大力的支持,国家第一类特色专业——测控技术与仪器专业建设项目(TS10291)对本书的出版给予了资助,在此表示衷心的感谢!

浙江大学出版社杜希武编辑为本书的及早出版做了大量的工作,在此深表谢意!

由于作者水平有限,加之本书涉及的内容跨越较多学科,书中肯定存在缺点和不足之处,恳请读者批评指正。

编　者

2009 年 2 月于杭州

目　录

第一章 概 论

第一节 我国计量体系的现状

一、我国计量体系框架的形成

我国的计量体系创建于建国初的 20 世纪 50 年代,当时的体系模式基本是参照前苏联的计量体系。此后,逐步从分散的、零星的计量服务发展到初步建立起国家计量体系,从采用米制到 1960 年以后采用国际单位制,从度量衡发展到现在的法制计量,逐步形成了较完善的计量体系。20 世纪 60 年代我国建立起第一批计量基准装置,而 1985 年《计量法》的颁

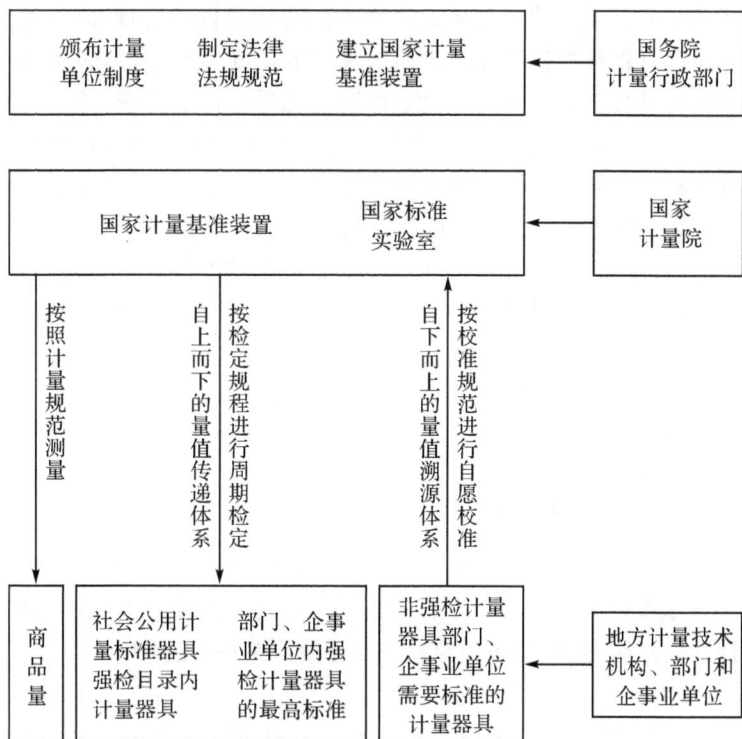

图 1-1 国家计量体系框图

布则是我国计量体系成熟的标志。到目前为止,我国已基本建立了一个以法律法规为准则、行政管理为核心、技术保障为支持的计量体系(如图1-1所示)。

在整个计量体系中,计量行政管理体系起着核心领导的作用。我国现行的计量行政体系如图1-2所示。

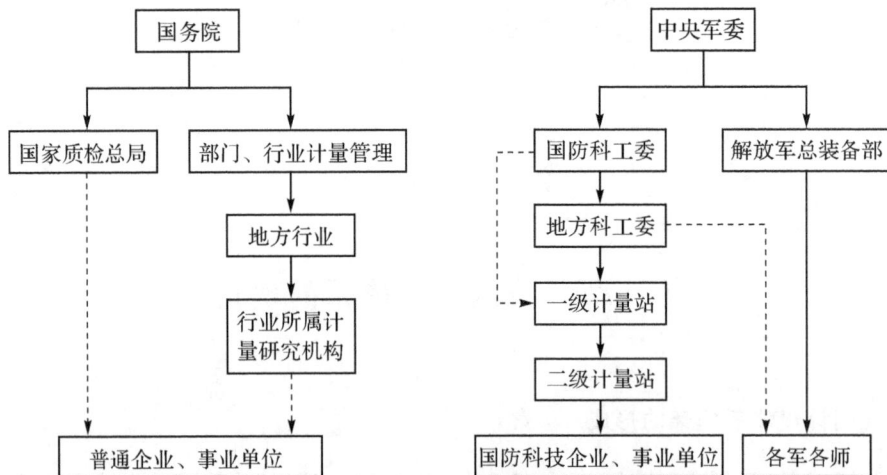

图1-2 我国现行的计量行政体系

由图1-2可见,我国现行计量行政体系总体上有两大部分,顶端分别是国务院和中央军委。国务院主要管理国家质量监督检验检疫总局(简称"国家质检总局"),还要管理其他部委和行业行使计量职能。国家质检总局是国家的最高计量行政管理部门,但与其他部委和行业计量机构之间没有直接的行政关系。而中央军事委员会(简称"中央军委")主要负责解放军总装备部和国防科技工业委员会(简称"国防科工委")两大系统,这两大系统都管辖着多个分支机构。因此,我国的现行计量行政管理体系是一个多头管理的计量行政体系。本书中重点对国家质检总局系统的计量体系进行介绍。

图1-3所示为由国务院管理的国家质检系统的计量管理体系,其中实线表示行政隶属关系,虚线表示无行政隶属关系,是传递计量技术效益的接受方。可以看出,在国家质检系统的计量管理体系中,虽然国家质检总局具有垂直管理各省(市)的质量技术监督局的职权,但这些单位同时为地方政府的分支机构,这也是本系统的一个较特殊的现状。

由图1-3可见,我国质检系统的计量管理体系是比较完善的,是通过树状结构向用户传递和扩散计量技术效益。

二、我国的计量立法和执法体系

不论古今中外,计量始终是一种特殊的行业领域,它不仅依赖于科技进步而发展,还必须依靠立法和执法体系去保障计量工作的实施。我国现行的计量立法和执法体系是以《中华人民共和国计量法》(简称《计量法》)为核心而建立起来的(见图1-4)。

1. 计量行政法律法规

目前我国《计量法》律法规中,包括一部法律——《中华人民共和国计量法》,法规包括8个国务院计量行政法规、22个部门计量行政规章、23个地方计量行政法规、7个地方计量行政规章。

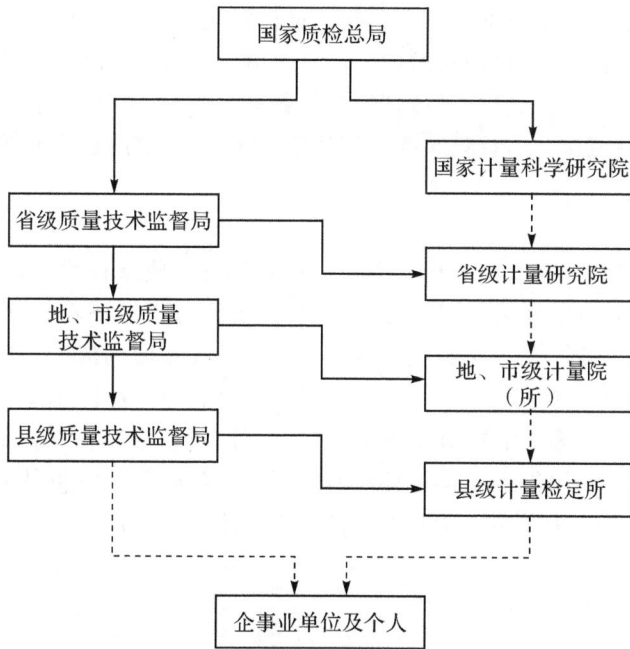

图 1-3　国家质检系统计量管理体系

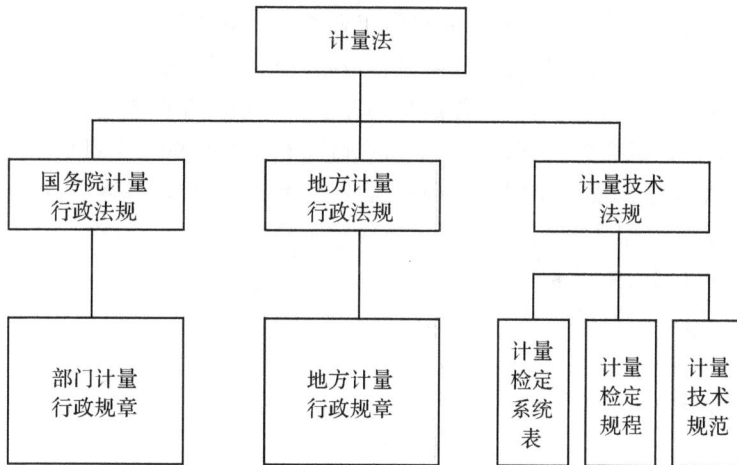

图 1-4　国家计量立法和执法体系

《计量法》于 1985 年 9 月 6 日颁布,1986 年 7 月 1 日起实施,内容包括六个部分:1)总则;2)计量基准器具、计量标准器具和计量检定;3)计量器具管理;4)计量监督;5)法律责任;6)附则。《计量法》正在进一步修改中。

2. 计量技术法规

计量技术法规是统一全国量值及实施计量法制管理中的重要文件,包括国家计量检定系统表、计量检定规程和计量技术规范。计量检定规程是检定计量检测设备必须遵守的法定性技术文件,分为国家、部门和地方检定规程 3 种。我国现有计量技术法规包括国家计量检定系统表 93 个,国家计量检定规程 848 个,部门计量检定规程 1000 多个,地方计量检定规程 480 多个,在数量上居国际领先地位。

计量技术规范包括计量校准规范和一些计量检定规程所不能包含的、计量工作中具有指导性、综合性、基础性、程序性的技术规范,如《通用计量名词术语及定义》、《测量不确定度评定与表示》、《定量包装商品净含量计量检验规则》等。目前有国家计量技术规范 337 个,其中通用计量技术规范 48 个,计量基准操作规范 179 个,专用计量技术规范(包括计量校准规范)110 个。

3. 计量行政管理

计量行政管理是以国家质检总局和省、地(市)、县三级质量技术监督局为主,负责组织《计量法》的实施。从 1999 年开始,质量技术监督系统实行省以下垂直管理,行业内的计量工作由各部门负责。目前,从中央到地方共设置计量行政管理机构 2537 个,其中,国家级 1 个、省级 31 个、地级 341 个。国务院一些行政管理部门撤销后,国务院将部分计量管理职能转化为由政府计量行政部门实施,其余国务院主管部门可根据需要保留部分具有管理职能的计量机构。根据计量法的授权,国防计量由中国人民解放军和国防科工委管理。1998 年机构改革后,国防计量分为军事计量和国防科技工业计量,分别由中国人民解放军总装备部和国防科工委管理。

4. 计量检定机构和强制检定工作

(1)计量检定机构

计量检定机构包括各级质量技术监督部门依法设置的计量检定机构、依法授权的专业计量站、部门建立的专业计量机构和国防科技工业系统建立的计量检定机构。其中,各级政府计量行政部门根据《计量法》的规定依法设置或授权建立的社会公益性的计量检定机构称为"法定计量检定机构"。我国的量值传递与溯源工作就是由计量检定机构负责实施的。其中,国家级的计量检定机构为国家计量测试研究院。在省级计量检定机构中,保存的计量基准和标准最多的是位于成都的中国计量测试研究院(有 47 项国家基准、标准)。上海计量测试研究院则为投资规模最大、设备最先进的省级计量检定机构。

(2)计量检定机构的主要职责

计量检定机构的主要职责包括:

1)建立计量基准、社会公用计量标准;

2)进行量值传递;

3)执行强制检定和法律规定的其它检定;

4)起草计量技术规范;

5)为实施计量监督提供技术保障,承担涉及贸易结算、医疗卫生、安全防护和环境监测的计量器具强制检定;

6)商品量的监督检查;

7)为计量执法提供技术保障。

目前,各级质量技术监督部门依法设置的计量检定机构有 2760 个,其中国家级 3 个、省级 36 个、地级 476 个、县级 2245 个;依法授权的专业计量站 2540 个,其中国家级 52 个、省级以下 2488 个。各部门也建立了一批负责行业内部量值传递的专业计量机构。据统计,各级法定计量检定机构和专业计量站按照计量法的有关规定,平均每年用各级计量标准对 91 万台件计量标准器具、3036 万台件工作计量器具实施强制检定。

根据国防计量管理条例,在国防科工委统一监督管理下,核工业、航空、航天、兵器、船舶和军工电子等行业建立了一批国防专业一级和二级计量站,开展了大量的检定工作。

5. 依法管理制造计量器具企业和定量包装商品

计量器具作为特殊商品,与其他商品有很大不同,因为全国量值的统一,首先反映在计量器具的准确一致上。因此必须对计量器具统一进行管理。政府按照《制造、修理计量器具许可监督管理办法》、《计量器具新产品定型监督管理办法》等法规要求对制造计量器具的企业考核合格后颁发计量器具新产品定型证书和制造计量器具许可证。

对定量包装商品生产企业实行自我声明、执行"C"标记管理的方法,并对其开展"计量保证能力考核"。地方政府技术监管局在市场上和企业内定期和不定期对"C"标记商品进行监督抽查。

三、我国的科学计量体系

1. 形成了覆盖十大专业技术领域的计量基准、标准

(1)计量基准、标准

为了定义、实现、保存或复现量的单位或一个或多个量值,用作参考的实物量具、测量仪器参考物质或测量系统。值得注意的是,这里所说的计量标准与"标准化"行业中的"标准"的含义完全不同,通常是指计量装置。

(2)国家计量基准、标准

国家决定承认的测量标准,在一个国家内作为对有关量的其他测量标准定值的依据。

(3)国家标准物质

化学计量还可采用经国家批准的标准物质进行量值传递。

我国的计量基准研制可追溯到 20 世纪 50 年代末,第一项基准是在 1961 年由中国计量科学研究院研制成功的表面粗糙度基准。到 2002 年,国家正式批准了 10 类 191 项高精度测量系统作为基准,分别保存在中国计量科学研究院等 11 个国家级的科研机构。按类别分为:长度 14 项,热工、温度 15 项,力学 49 项,电磁 20 项,光学 32 项,声学 13 项,无线电 19 项,时间频率 2 项,电离辐射 21 项,化学(标准物质除外)6 项。基本形成了覆盖十大专业技术领域的基准体系,为我国实施计量法制管理、统一全国计量单位量制、开展现代科学技术研究和发展现代国防建设发挥了重要作用。我国的化学计量已建立了包括化学成分量、物理化学量、化学工程量在内的国家基准 6 项、国家一级标准物质 1134 项、二级标准物质 1318 项,涉及钢铁、地质、石油、核材料、环境、食品、临床检验等领域,取得了一批高水平的基础科研成果,其中 6 种原子的量的测定数据已被国际组织 IUPAC 列入新的元素周期表。

2. 建立了各类计量标准和测试设备

根据我国《计量法》的规定,政府计量行政部门可以组织建立社会公用计量标准和各等级计量标准,有关部门可以建立专业计量标准,以满足行业的特殊需要,企事业单位为满足自身需要也可以建立相应的计量标准,部门和企事业单位建立的最高计量标准应由国家考核并纳入强制检定范畴。在军队内部和国防科技工业系统也分别建立了一批相关国际计量标准。国防最高计量标准的量值要溯源到国家计量基准或国外计量基准。截止 2000 年,我国已建立不同等级的社会公用计量标准共 4300 多项,国家计量机构建立计量标准 380 项,各级政府计量技术机构建立计量标准 36000 多项,专业计量站及其他被授权单位建立计量标准 7000 多项,并建立了为经济和科研提供校准和测试服务的大量高准确度的测试准备。

3．广泛开展计量科研、校准和测试工作

各级政府质量技术监督部门建立的法定计量检定机构和部门设立的计量检定机构也是计量科研、校准和测试机构。包括：中国计量科学研究院、省级计量技术机构、各部门设定的计量技术机构、国防、军工系统设立的计量测试机构、大专院校设置的计量测试实验室、企事业单位建立的计量测试实验室等。这些计量技术机构一方面开展计量检定工作，另一方面也承担了计量科学技术研究、计量校准和测试服务工作。近年来，有 28 个省级以上计量技术机构被科技部认定为"科技成果国家级鉴定检测机构"。各部门设立的计量测试技术机构以及大专院校设置的计量测试实验室也解决了大量高新技术研究中需要解决的计量测试问题。

四、我国已具备一定工业计量检测能力，形成了生产计量仪器的产业

1．提高企业计量测试能力、完善计量检测体系

企事业单位建立的计量测试实验室在保证企事业单位测量数据的准确、产品质量检验、物料核算、能源计量中发挥了重要的技术保障作用。1984 年，原国家计量局颁发了《工业企业计量定级升级办法（试行）》，提出了将企业计量管理水平和检测能力分为三个等级，内容包括企业计量管理职责、测量设备的配备和管理、计量检测等要求。1992 年该办法停止实行，主要是因为国际标准 ISO10012－1（测量设备的计量确认体系）于 1992 年 1 月正式颁布。ISO10012－1 于 1994 年同等转化为我国国家标准。1995 年，原国家技术监督局颁布了《关于帮助 100 个企业完善计量检测体系工作的通知》，提出每年帮助 100 个企业建立完善的计量检测体系的滚动目标。目前已有 700 多个企业获得了完善计量检测体系证书。各省级技术监督部门对中小企业也提出了不同的计量体系要求，并颁发了相应证书。目前，我国对企业计量检测体系和能力的评定是由企业自愿申请，分为以下几种形式：

（1）完善计量检测体系

参照 ISO10012 和完善计量检测体系的原则要求，由国家质检总局颁发"完善计量检测体系"证书。培训、帮助和指导等具体工作委托中国计量测试学会办理。

（2）企业计量保证体系

参照企业计量定级二级的部分要求、《计量法》的要求和适当引入国际 ISO10012 的部分要求，由省级技术监督局颁发企业计量保证体系证书。

（3）计量合格企业

按《计量法》的要求以及原国家质量技术监督局颁布的有关"帮助小型、乡镇企业加强计量工作的意见"及其细则等有关文件，由市技术监督局颁发企业计量合格证书。

2．计量仪器产业已形成规模

计量仪器包括工业自动化仪表与控制系统、科学仪器、医疗仪器、信息技术电测仪器，及其相关的传感器、元器件和材料。我国目前已有一大批计量仪器企业，分别归属在国家机械部门、信息产业部、科学院、国防科工委、教育部、国家药品监督管理局、航天工业集团公司、石油化工总公司等 20 多个部门。近年来，民营企业已呈现崛起的趋势。据统计，我国现有各类仪器仪表企业 6000 多家，职工总数 88 万人，总销售额 1200 多亿元。我国计量仪器已形成门类品种较齐全、具有一定技术基础和生产规模的工业体系，成为亚洲除日本外的第二大仪器仪表生产国（见表 1-1）。

表 1-1　我国仪器仪表企业情况

	企业数	销售额（亿元）
工业检测、控制与系统仪器	2000	500
科学仪器	1500	300
医疗仪器	1200	200
其它各类测量仪器及元器件材料	1000	200

（1）仪器仪表行业的销售收入以年度平均增长率 8％递增，科学仪器发展迅速，达到年销售平均增长率超过 25％。

（2）涌现出一批技术先进的新型产品，黑体空腔式钢水连续测温仪、微波等离子体炬光谱仪、高强度聚焦超声肿瘤治疗系统等多项产品，技术上达到国际领先水平。

（3）仪器仪表产品出口创汇有了明显增长。我国仪器仪表年出口创汇额已超过 40 亿美元，如数字万用表已占据世界 70％以上的市场份额。

（4）一批具有相当规模和发展前景的民营企业已经崛起。

第二节　我国计量体系尚需解决的问题

一、国家计量体系未实现统一管理，计量检定机构重复设置

长期以来，我国已形成国务院和政府计量行政管理部门、国防科工委、国务院有关部门及地方政府多头管理计量工作的行政管理体制。各部门独自建立计量基准，实行封闭式管理，分头传递。1998 年我国行政体制改革以后，国务院将电力、信息产业等有关部门转为公司，但这些行业的相关计量管理职能划归国家质检部门统一管理仍十分困难。另外，国防科工委、解放军总装备部和部分国务院部门仍自行管理计量工作和独立开展量值溯源，也使计量工作无法实现统一管理。全国计量检定机构存在的主要问题是布局不合理，仅政府计量部门设置的同样项目的计量检定机构在同一个城市就有二、三个或更多，省会所在城市一般都设置三个以上计量检定机构，由于被检定的项目是有限的，于是经常发生互相争抢被检对象的现象。另外，部门、行业的计量检定机构与地方计量检定机构也存在重复建设的现象。总的看来，重复投入、高水平检定资源不足、低水平检定资源过剩成为主要不利因素。

二、我国法制计量需要尽快发展

1. 计量方法与市场经济不相适应

我国的《计量法》是在 1985 年批准发布的，是在计划经济时期制定的，其中的许多规定及相应实施的计量管理已不适应市场经济发展的需求，特别难以适应加入 WTO 后的需求，与国际惯例也存在较大差距。例如，在适用范围方面，现行《计量法》只侧重于对计量器具的管理，而缺少对消费者普遍关心的测量结果的规范，特别是对现实社会中大量存在且人民群众呼吁迫切需要规范的商品量（如定量包装商品）的计量管理基本未作规定，引发了不少计量纠纷。

量值传递方式不能满足社会各个领域的溯源要求，这也是现行《计量法》落后于社会需

要的重要方面。现行的《计量法》规定的量值传递方式为只有一个简单的、单一的检定方式，而现在校准工作的业务量越来越大，只用一种方式远远满足不了整个社会的需求。国际上广泛采用和推行的"校准溯源制度"在我国的法律文件中却找不到相关依据，致使中国的校准市场呈现较为混乱的局面。目前，我国的量值传递实行的是从国家计量基准到各级社会公用计量标准，最后到企业或用户的工作计量器具。各级均要接受建标、设备、人员考核以及定期检定等监督管理，造成量值系统测量不确定度损失增大，量值传递成本增高，量传周期长，资源浪费严重。这些都与高效、便捷、节约、有效的市场经济原则有较大差距。

法制管理的计量器具范围过宽，难以管到位。对涉及国家安全、动植物保护、人身健康以及环境监测等相关的计量工作缺乏规范。我国现行法律法规的分散性和不协调性也较突出，有些涉及计量的法律法规没能纳入，而是分别在其他法律法规中各自立法，造成多头执法和相互交叉。

2. 计量技术法规的制、修订工作严重滞后

目前，计量技术法规的制、修订工作严重滞后，近90%的国家计量检定规程未能及时修订，其中，10年未修订的占55%，15年未修订的占16%。部分国家强制管理的计量器具也缺少适用的国家计量检定规程。现行的国家计量检定系统已落后于计量标准的发展，且与国际通行的量值传递与溯源方式不兼容。国家计量检定规程中采用国际建议和国际标准的仅占10%。缺乏全面、迅速、有效地公布计量技术法规的渠道。

3. 依法行政的计量管理体制还不够完善

计量执法程序缺乏透明度，政府的计量行政管理没有完全实现政务分开。依法行政的程序对市场运行环境及其计量监管不到位，不能充分发挥市场机制的调节作用，不能适应市场经济条件下多元化结构对计量管理的要求。计量行政管理依然存在政企不分、政事不分、监督与服务不分、不能充分发挥中介机构优势的现象。

4. 社会公用计量事业发展缓慢

部分计量器具的强制检定由于缺少必要的社会公用计量标准而无法实施，有相当数量的高精度测量设备不得不送到国外溯源，导致全国量值的失控。受地方经济发展、税收、财政等状态的制约，各级政府在社会公用计量事业方面投入严重不足，使社会公用计量事业发展缓慢，尤其是中西部地区，问题更为严重，已影响到量值的传递。大部分(市)县级计量检定机构仍然属于自收自支性质，没有正常的事业经费保证，基础设施薄弱，技术装备落后。用于量值传递的43000多项社会公用计量标准的陈旧老化问题极为突出，其中大部分建于20世纪六、七十年代，20世纪90年代的仅占10%左右。

5. 计量检定和管理人员匮乏

目前，大多数计量检定和管理人员是由理工科毕业的大学学历和中专学历的人员组成。随着国际贸易和经济的发展，对计量检定人员的要求也越来越高，计量检定人员必须具备大学以上学历和具有相当经验。同时需要懂得计量法律法规、国际计量规则、工商管理和公共管理，有熟练的外语沟通交流能力等方面的计量管理人才。

三、我国科学计量不适应科技和经济发展的需要

1.计量基准的建立发展缓慢

(1)计量基准的发展缓慢

21世纪科学技术迅速发展,国际上计量基础研究的原理性创新速度在加快,我国现有计量基、标准的发展显得缓慢,个别计量基准与国际先进水平的距离正在拉大。为此,发达国家都已建立了以量子理论为基础的现代量子计量基准,正在研究以物理常数为基础的普遍适用的计量单位基准体系。我国尚未完善量子计量基准。随着周边国家和地区计量水平的迅速提高,我国科学计量原有的区域性领先地位也将受到挑战。从我国基准建立初期,到上世纪80年代,我国建设了第一批130项计量基准,有91项达到当时的国际先进水平,约占总数的70%。到2001年,在191项基准中,技术指标达到目前国际先进水平或国际水平的只有63项,占基准总数的33%。这些计量基准为我国老工业时期经济建设发挥了重要技术支撑作用。但由于几十年没有大的发展,出现了设备老化、可靠性差、数据采集与处理自动化程度低、技术指标下降等问题。目前,我国基准整体水平大致处于比东南亚地区、韩国和我国台湾省高一点,比欧、美、日低的位置。

(2)以计量为基础的国际交往开始受制于人

随着经济全球化的发展,对测量数据互认的需求日益增加,国际计量局根据WTO的要求,提出了各国的计量基、标准和国家计量院签发的标准、测量证书的互认方案,目前要求对200余项物理、化学关键量进行比对,以便最终达成国际间的测量结果互认。但由于我国几十年来计量基准建立项目没有大的投入,所以,只能参加近1/3项目的比对,其余项目由于计量基准空白或需要改造而无法参加,有些涉及国家安全的计量基准因发展缓慢也开始受制于人。例如,全球卫星定位系统(GPS)的时间参数依赖于时频基准,时频基准的精度直接决定了GPS的定位精度。到目前为止,我国民用方面基本还是依赖于美国的GPS系统。

(3)现有基准的覆盖面和利用率较低

现有基准由于建立时间早,其覆盖面和利用率已不能满足需要。尤其在光学、无线电、电离辐射、时频、化学等领域里,如何更科学地建立基、标准显得更加突出和迫切。目前基准设置情况见表1-2。

表 1-2 目前基准设置情况

计量基准	应用范围及使用率	基准数(B)	占基准总数的百分比
涉及基本量和主要的导出量	应用面广,使用率较低	14	7.3
涉及工业应用的重要导出量基准	应用面广,使用率较高	121	63.4
为某专业服务的重要导出量基准	应用面窄,使用率较高	30	15.7
设置但不管理的项目	应用面窄,使用率较低	24	12.6

2.计量基准的维护缺乏后续研究及运行支持

计量基准投入使用后,没有稳定的维护费用将严重影响基准的正常运行。以2003年为例,经评估,计量基、标准尚能维持运转、正常工作的有150项,占基准总数的78%,基准设备发生不同程度故障的有50项,约占24.6%,拟撤销的有7项,在评估前已有3项申请报废撤销,基准设备已处于无效状态的占13.1%,还有一些将予以合并。计量基准状态情况见表1-3。

表 1-3　计量基准状态情况表

专业	基准数目	正常工作	国际水平	不正常	陈旧落后	撤销	合并
几何量	14	35.7%	21.4%	35.7%	57.1%	1	
热工	15	43.3%	20%	20%	73.3%	1	
力学	49	69.4%	38.7%	24.5%	59.2%		6
电磁	20	55%	50%	35%	65%	1	2
光学	32	78.1%	40.6%	15.6%	71.9%		
声学	13	46.2%	30.8%	53.6%	23.1%	1	
无线电	19	57.9%	36.8%	42.1%	94.7%		1
时间频率	2	50%	0	50%	100%	1	
电离辐射	21	42.6%	14.3%	66.7%	66.7%		
化学	6	16.7%	16.7%	83.3%	83.3%		
总数	191	57.6%	33%	35.1%	66%	5	9

3. 我国计量基准存在的问题

(1) 计量基准使用后缺乏复现实验

计量基准使用后必须定期进行全面的复现实验,进行一次复现实验需耗资几万至几十万元,专家测算,每项基准平均每年消耗维护费约 8 万元。有的基准已有十多年未进行这类实验。我国的基准绝大部分是自行研制的。一些自行研制或购置的设备,可靠性差,寿命低,日趋老化,故障率增高,导致主要技术指标下降,有些基准保存单位已申请撤销所保存的基准。

(2) 计量基准维护缺乏必要的技术改造

正常的运行成本、服务费用、人员经费无法保障,影响正常的量值传递工作。缺乏必要的技术改造使新技术无法及时应用,自动化程度较低,技术指标下降。据统计,现有 100 多项基准 30 年间经全面改造的仅 14 项。经局部改造的约占 57%,未经改造的尚有 1/3。目前仍需经技术改造的有 95 项,正在技术改造的有 21 项,近 3 年需要技术改造的有 136 项。

(3) 对计量基准的管理还缺乏严格的规范

保存基、标准的单位对某些基、标准的管理存在一定随意性,事故处理等缺乏严格的办理程序。没有建立计量基、标准的定期的专家评估检查制度。没有形成基、标准的社会融资渠道和社会监督机制。政府对计量基、标准的使用有的存在失控现象。国家计量基准实验室和法定计量检定机构还没有完全建立起严格的质量管理体系。

4. 计量基础研究、基准运行人员较缺乏

随着第一代从事国家计量基、标准研究的专家、科研骨干的相继退役,当前在计量科研领域能承担研究工作的年轻科技人员数量较少,除个别专业外,大多数专业后继乏人,这已成为科学计量工作的最大隐患。骨干人员流失现象严重,只有极少部分成为了专家,还承担了一些行政管理任务,还有相当一部分去了国外同类研究机构或外资企业。人员流失的主要原因是政策导向和科研环境不利于从事基础科研工作。目前,只有约 30% 左右的计量基准项目具有高水平的后续研究能力。另外,各计量检定机构对都有检定与测试任务指标,这些指标又同本单位的经济效益挂钩。即使在省级计量检定机构中也普遍存在多数人忙于完成任务指标的现象,创新能力比较弱。人员的培训机制和淘汰机制不健全。只有少数人能够进行科学计量研究及新的基标准的建立工作,也基本上处于课题小、级别低、缺乏高水平科研团队的状态,如何可持续发展成为主要面临的问题。

四、我国工业计量与国际相比有较大差距

1.我国计量校准市场尚未完全建立

建立市场化的计量校准体系,这是计量支撑工业经济最直接的部分。但是,我国目前计量校准市场还没有完全建立。没有制定计量校准市场规则,没有建立计量校准市场准入制度,尚未形成计量校准公平竞争的环境。我国加入 WTO 后,已引起国外校准机构对我国校准市场的冲击,并造成计量行政主管部门对校准管理的被动局面。

2.我国企业计量管理和检测水平比较薄弱

我国企业计量管理和检测水平仍然比较薄弱。虽然一些国有企业和能源物料消耗量大的企业开始重视计量工作,但是我国大部分企业对计量工作不够重视,计量检测的水平与经济发达国家相比有很大差距,严重影响我国企业的基本素质的提高和市场竞争能力。许多中小企业、民营企业计量意识淡薄,计量检测手段不足,企业计量基础工作亟待加强。

3.我国计量仪器的发展面临着国外巨大的竞争压力

我国计量仪器产品绝大部分属于中低档技术水平,其产品的技术水平只相当于国际上 20 世纪 80 年代水平,高档、大型仪器设备几乎 99％以上依赖进口,在中档产品以及关键零部件方面国外公司同样占有国内市场 60％以上的份额。据海关统计,除随成套工程项目配套引进的仪器仪表不计,2000 年进口各类计量仪器总额近 70 亿美元,接近我国计量仪器工业总产值 50％。我国计量仪器产值 1200 亿元人民币,不足美国产值 3200 亿美元的 5％,对世界市场的占有率不到 1％。随着计量仪器新技术的迅猛发展,现代计量仪器正朝着微型化、集成化、智能化和总线化的方向快速发展,而我国科技创新和产业化进展迟缓、投入不足、人才匮乏以及缺乏良好的市场培育环境,产品稳定性和可靠性长期得不到根本解决,产品质量、服务能力和信誉较差等是我国计量仪器产业难以与国外竞争的最大障碍。

第三节　建立中国现代计量体系

建立现代计量体系的总体目标是:紧跟世界经济和科技高速发展的形势,与时俱进,建立适应我国经济、科技和国防发展需要的现代国家计量体系;以发展为主题,以结构调整为主线,实现全国统一、高效的计量管理体系;法制计量与社会主义市场经济体制的要求和 WTO 规则相适应;科学计量赶上发达国家的先进计量水平;工业计量满足现代工业和现代农业发展的需要。

一、确立中国现代计量体系的整体框架

确立中国现代计量体系的整体框架的原则是:实现民用和军工计量统一归口管理的体制;提高和加强国家和政府在中国现代计量体系的作用;转变政府计量职能,培育和发展计量科技服务机构;形成全国统一的、以计量法律法规体系、计量行政管理部门和计量保障机构构成的多层次、网络型的计量体系框架。

1. 实现全国统一、高效的计量管理体系

全国统一、高效的计量管理体系的职责是统一监督管理全国的计量工作,负责计量基、标准的规划和建设,制定计量法律法规和技术法规,指导地方开展法制计量工作和对工业计量进行规范化管理等。在计量行政管理体制上实行由国家计量主管部门统一归口管理,同时与其他部门如环保、卫生、交通、建设、国防、军队等部门的协调机制,真正实现能源计量、电信计量、医疗计量、食品安全性计量等涉及公共利益的计量问题统一归口管理的模式。将民用和军工计量管理机构合并,取消原各自所属的计量技术机构,实行民用和军工、全国和地方计量技术机构的统一合理布局。国家和政府建立的通用计量基、标准,供各部门共同使用,实现资源共享。专用的计量基、标准,以及测试和校准装置,采取谁使用谁投资的方式进行建设。

统一管理全国计量工作的管理体系框架如图1-5所示。

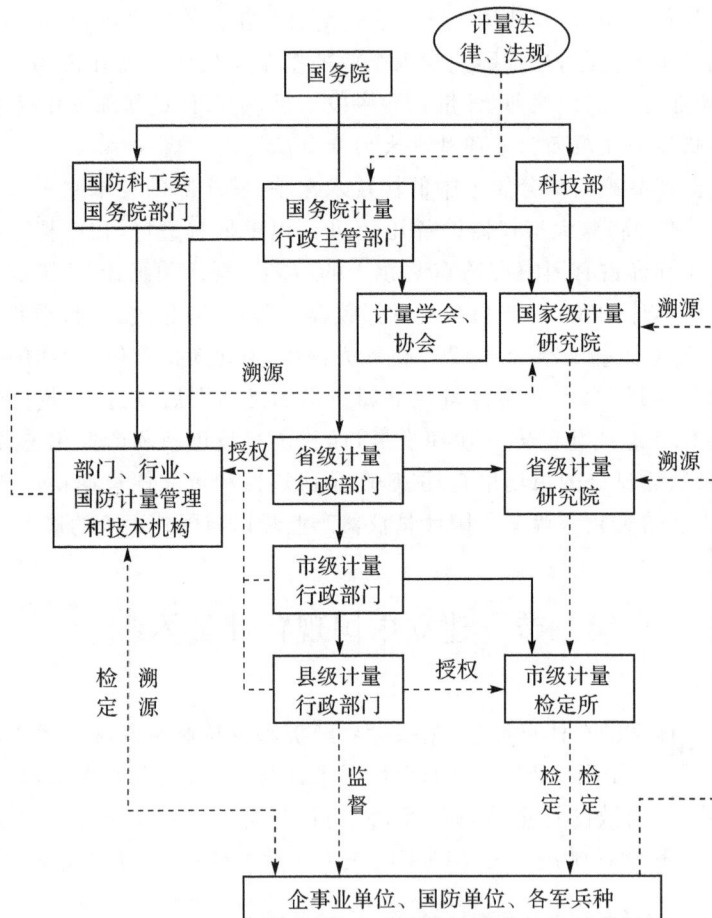

图 1-5　统一管理全国计量工作的管理体系框架

2. 加强国家和政府在现代计量体系中的重要作用

进入 21 世纪后,国际上普遍认为,现代计量体系最重要的是体现和依赖于国家在计量

方面承担义务。一个健全的计量体系都与强大的中央政府相联系。一方面,国家需要计量和准确的测量,以便正确地确定国家的体制、计划、国防建设和税收;另一方面,计量需要国家法制以确保其测量符合要求。在现代计量体系中,现代国家计量体系将由国家负责或者代表国家利益的计量主管部门负责,更加注重计量法的执行与监督工作。

国家和政府在现代计量体系中的职责包括:

1)国家计量体系的创建和维护,包括计量基准的建立和维护;

2)计量立法;

3)制定有关计量与其他各方面相互协调的政策;

4)建立国际、区域及地方之间计量的相互合作与承认。

3. 实现政府计量职能的转变

为了促进经济的增长,促进科技的发展,提高政府监督管理的力度,计量体系中各类机构和职能必然改革。要实现政府计量职能的转变,实现政企分开、政事分开,减少政府审批。把计量监督管理和计量科技职能分别开来,把计量监督、计量检定和计量服务分别开来。增加对计量科技机构的授权,加快计量科技发展,完善和充实计量服务体系。要加大对计量中介服务机构的培育,对提供服务的中介机构重新定位,大力发展公益性计量中介机构。

4. 我国计量体系纳入全球计量体系的构想

2002年国际计量大会(CGPM)提出了"全球计量体系和国家计量体系"的报告,国际法制计量组织(OIML)也提出了"法制计量向全球计量体系发展的趋势"的报告。此外,国际计量局(BIPM)、国际实验室认可合作组织(ILAC)以及国际认可论坛(IAF)均在努力建立一个全球性的计量和检测系统。贸易全球化要求在全球范围内确保贸易测量结果的一致性和可靠性,要求产品的检验、贸易交往的测试数据能够实现相互承认。而贸易全球化首要的基础是建立全球计量体系,以保障世界各国测试和检验结果准确和互认。建立全球计量体系先要实现计量基准量值的统一溯源,国际计量局根据世界贸易组织的建议,先在各国之间推行国家计量院计量基准量值的多边互认和实验室之间的比对,以及局部地区国家之间计量基准的共享。1999年,中国计量科学研究院代表我国签署了由38个米制公约成员国参加的"国家计量基(标)准互认和国家计量院签发的校准与测量证书互认"(MRA)协议,首先提出了约有219项关键性的物理、化学量计量基、标准的比对计划,评估各国的计量检测能力及其综合测量水平,增加国与国之间测量数据互认的信任度。中国现代计量体系要进入全球计量体系,并成为其重要的成员,通过国际间实验室认可、校准证书互认、计量基、标准的比对等工作提高中国计量体系在全球计量体系的作用和地位。

二、建立现代法制计量体系

1. 实现中国现代法制计量的目标

现代法制计量体系是现代计量体系的重要组成部分。对于现代法制计量来说,计量的任务是根据国际准则,通过国际协调一致的计量基、标准和计量法律法规来实现的,采用统一的计量单位制、国际普遍认可的计量技术法规和程序,以及相同的测量不确定性的计算方法。中国现代法制计量的目标是:从经济发展的需要和符合WTO原则出发,建立法制计量管理体制,开拓现代法制计量的新领域,强化监督管理执法力度;加快计量技术法规与国际规程的衔接步伐;实现法定计量检定机构的合理布局和结构优化。

2. 开拓现代法制计量的新领域

随着经济的发展,一些原来没有或认为不重要的领域现在变得越来越重要,国际法制计量组织对现代法制计量领域提出了新的要求,中国现代法制计量应开拓新的领域。

1)贸易 现代法制计量在贸易中的作用是十分重要的,包括对零售商品、批发商品及国际贸易的法制计量。特别是定量包装、水电气计量、加油机、矿产品、农产品等大宗物料,以及油、气进出口贸易的量。主要涉及称重、流量、容量、体积等计量问题。

2)健康 医学计量是法制计量重要的分支,它涉及温度、压力、质量、超声、电离辐射、生物力学、脑电流、血液成分等有关参量的测量、分析及监控。随着诊断和治疗用的仪器技术迅速发展,医学计量已成为现代计量领域十分关注的问题。由于使用仪器的是医生而不是测量人员,他们通常按仪器显示作判断,不了解仪器测量失准会带来多少危险,测量准确度带来的纠纷和赔偿时有发生。因此,医学计量应成为重要的研究方向。

3)安全 现代技术的发展增加了利用测量监测人身安全的可能性,人身安全越来越依赖于准确的测量,法制计量在安全上也将有很大发展。我国现代法制计量的发展,如食品安全方面涉及的奶粉、食用油的检测,交通安全方面涉及的酒精含量和雷达测速仪、汽车里程和重量表,压力容器用的压力计,辐射用的剂量计,建筑结构用的压力传感器,眼镜用的光度计,噪声用的声级计,化学用的测量仪器,船舶和飞机上的测量仪表等均成为今后关注的问题。

4)环保 环境保护和污染控制是一个需严格立法管理的领域,也是现代法制计量最主要的工作之一。它们的测量经常具有复杂的特性,涉及物理和化学计量。我国现代法制计量将侧重于:大气有毒物质的检测、二氧化碳的排放量、环境噪声、空气污染指数环境监测、饮水中的金属含量、食品残留物检测等;同时,标准物质在环境保护和污染控制的计量中将起着非常重要的作用。在21世纪,计量作为环保和污染监测手段日益重要,将更加引起政治界、公众、经济界和法律界对测量的关注。

5)资源 目前,世界各国为了节约资源和充分利用资源,都需要准确的测量,并且通过立法来监测和控制资源,法制计量在这方面的贡献也越来越重要。现代法制计量在资源控制领域中有两类计量:一类是非再生资源(如矿物、煤、油、气等),另一类是再生资源(如水、电、鱼类等)。再生及非再生能源、资源的计量等逐步成为政府保证国家经济有序发展的重要职责。例如,通过对天然气的流量测量及其测量仪器的校准,以及对天然气成分和热值的准确测量等都将对资源的充分利用起到重要的作用。

6)诉讼 诉讼是法制计量起预防作用的一个特殊领域。在某些方面利用对测量的立法管理来减少诉讼,特别是在医疗、控制污染和安全方面的诉讼将成为现代法制计量最关心的问题。另外,在涉及测量的合同方面也存在法制需求的问题,我国现代法制计量应增加在以上诉讼中出具公正数据的规范及要求。

7)税收 国家的税收大部分是根据账面收入来决定的,但是有很多收入必须通过量值来判断销售额,税控加油机就是一个典型的例子。随着科技的发展,通过准确测量来控制税收将是计量部门和财政部门共同研究和发展的方向。

8)涉及化学成分计量的立法项目 在贸易中,贸易双方关注的不仅限于交易量的多少,而且很多取决于商品是否符合化学分析的要求,因此涉及商品的质量还要依靠化学成分的准确测量,特别是国内外贸易对食品成分的准确测量。

3.建立中国现代法制计量的措施

(1)修订现行的《计量法》及其配套法规

修订《计量法》及其配套法规,把涉及国家安全、防止欺诈、保护人类健康安全、保护动植物的生命和健康、保护环境等方面的计量器具、定量包装商品和大宗贸易的计量法制要求,以及向社会提供校准服务的计量监督等纳入法制计量管理范畴;对非法制计量管理的计量器具和测量数据实行计量校准等自由溯源方式。

1)按照国际通行做法,修改我国《计量法》,在对计量器具管理的基础上,增加对市场经济中迫切需要规范的商品量的法律规定。例如,对定量包装商品、零售商品和大宗物料交易的监督管理从部门文件纳入到法律规定中。随着国际贸易的大量增长,我国要进一步制定对大宗物料,油、气、矿产、各类资源等进出口贸易的法制计量问题,特别是一些与WTO/TBT协议正当目标原则有关的计量监督和仲裁问题。

2)按照市场经济的规律修改我国《计量法》,在原来国家自上而下建立的量值传递系统的基础上,增加市场经济下允许企事业单位自下而上自发进行溯源和校准的规定,在工业生产领域将溯源和校准作为保证量值准确的主要方式。承认并监督向社会提供的校准服务。

3)按照WTO/TBT协议"国民待遇"原则,修改我国《计量法》与国际做法不一致的方面。例如,合并依法管理、强制检定及进口计量器具型式审查等目录,建立统一的法制计量管理的计量器具目录;合并计量器具新产品的定型鉴定与样机试验;实行内外一致的管理方式,使进口计量器具的监督管理与对国内计量器具的监督管理的范围、方式和严格程度一致起来;取消企事业单位建立的所有最高计量标准器,一律按强制检定计量器具目录进行管理等。

4)根据WTO/TBT协议正当目标原则,把涉及国家安全、防止欺诈、保护人类健康安全、保护动植物的生命和健康、保护环境等方面的计量纳入强制检定范畴,增加我国原有《计量法》中缺少的涉及国家安全、保护动植物的生命和健康等方面的计量,以及保护资源和环境的相关法律规定,尽量缩小强制检定的范畴。

5)统一解决《计量法》与其他法律法规相互交叉、各自立法和多头执法的问题。特别是应与医疗、卫生、辐射、资源等方面的法律协调一致,把涉及与测量准确度有关的立法纳入《计量法》,保证测量结果的准确一致。加速地方性计量法规的修订工作,解决地方性计量法规之间,地方与中央计量法规之间不相协调的问题。

6)积极推行法定计量单位,并结合国际习惯做法,逐步实现计量单位的统一。

(2)加快计量技术法规与国际规程的衔接步伐

1)加快计量技术法规制修订进度

清理现有计量技术法规,抓紧修订以前颁布的国家计量检定规程,加强对重点管理计量器具国家计量检定规程的制、修订工作。

2)积极采用国际建议、国际文件和相关国际标准

积极参与国际计量活动,加强对国际法制计量组织有关国际建议及国际文件的研究;修订和完善国家计量检定系统表,满足全国量值传递和溯源的需要;基本完成与国际建议、国际标准的衔接工作;规范地方、部门计量检定规程的备案;提高计量检定规程和校准规范的科技含量和水平。

3)改革计量技术法规的制、修订方式和程序,提高透明度

计量技术法规的制、修订工作要吸纳计量检定机构、计量器具制造企业和计量器具使用单位等各方面专家参加,使其更加具有代表性;计量技术法规制定、修订采取专家投票方式,减少人为意志影响;加快计量技术法规的制定、修订周期,每隔三年修订一次技术法规中的部分条款;利用现代信息和网络技术,广泛征求意见;建立公告制度和国际通报渠道,提高计量技术法规透明度。

(3)加快推进地方计量检定机构的发展与改革

1)明确地方计量检定机构的定位

地方计量检定机构应定位为公益型科研机构或公益性事业单位,主要承担社会公用计量标准的研究和建设及法制性计量技术保障任务。由政府对地方计量检定机构和社会公用计量标准的研究和建设予以一定投入,确保其法制性计量技术保障任务的经费;以省级财政投入为主,中央财政适当补助为辅。要确保有一支稳定的技术队伍完成社会公用计量标准研究和建设以及法制性计量技术保障任务。

2)对现有计量检定机构进行合理布局、优化结构

根据法制计量管理任务和当地及周边经济发展的实际需要,由省级质量技术监督局对现有计量检定机构合理规划、重新布局。在省级计量资源合理配置及充分利用社会计量资源的基础上,有效调控计量检定机构的项目建设,使有限资源发挥最大效能,确保法制计量管理的需要。计量检定机构的建设要本着因地制宜,与当地经济发展相协调,适应现代法制计量体系发展的需要。

① 省级计量检定机构的建设 省级计量检定机构应具有相当规模和较高水平,负责建立和研究社会公用计量标准,进行量值传递和溯源,执行强制检定和法律规定的其他检定、测试任务,起草技术规范,对计量仪器进行定型鉴定和样机试验,接受政府委托,承担仲裁检定、计量产品质量抽查,为计量监督管理提供技术保证。配备的计量标准装置和测量设备应比较先进,工作环境良好;承担计量执法任务的部分,由政府拨款。同时,省级计量检定机构还可以利用自身条件为社会、企事业单位开展一定的计量科研、计量测试和其他服务性工作。

② 市级计量检定机构的建设 市级计量检定机构应具有中等规模和水平,负责执行强制检定和法律规定的其他检定、测试任务。其建设规模、人数、水平应该与当地需开展的强制检定项目相适应。承担计量执法任务的部分,由政府拨款。一般不开展法律规定以外的其他活动。

③ 县级计量检定机构的建设 县级计量检定机构的建设应根据当地开展强制检定项目和数量来确定。不一定每个县都设置计量检定机构。需开展强制检定的,检定项目也应集中在量大面广的几项到十几项。政府拨款金额根据当地需要和财力情况决定。其他无力开展的强制检定项目由市级计量检定机构承担。没有设立县级计量检定机构的地方,由周边其他计量检定机构承担强制检定。

3)法制计量机构要积极借鉴国际先进经验

本世纪以来,欧盟各国对法制计量机构、计量检定人员及工作方式进行了大胆的改革。由于欧盟各国的计量检定人员、计量监督人员和计量管理人员都属于公务员,随着欧盟各国政府公务员人数的大量精简,计量人员也实行精简,只保留10%。如此少的计量人员要完成原来的工作量,就必须进行彻底改革。采用的方法是:将计量器具新产品的型式批准委托

给认可合格的私人实验室承担;把制造计量器具的质量监督、维修和安装委托给认证合格的私人企业承担;把周期检定委托给经过认可的有能力的私人机构进行。政府保留下来的计量人员不再做检定工作,而是对委托单位进行认可、认证和监督,并随时检查型式批准和检定结果,对不合格的计量器具和数据予以处罚。凡承担政府交办的上述任务,由政府给予一定经费支持。这些私人机构也可以开展执法以外的其他活动,并收取费用。这些办法可作为我国现代法制计量工作进一步改革的参考。

三、建立现代科学计量体系

1.现代科学计量体系发展目标

现代科学计量体系的发展目标是:完善以量子物理作为基础的计量基准,开展由基本物理常数来实现计量单位的研究。

中国现代科学计量体系必须适应科学技术迅猛发展的形势,面向经济、科技和社会发展目标,适应可持续发展的需要,适应改革和管理的需要。现代科学计量体系要体现"先进性、前瞻性、综合性",要能够进入国际计量先进行列。要采用最新科技成果和技术手段,加快建立基本量和重要导出量计量基准,以及高新技术所需计量基、标准。

2.现代科学计量体系的发展规划

(1)完善以量子物理作为基础的计量基准

传统的实物计量基准往往用某种特别稳定的实物来实现,称为"实物基准",但是实物基准会随时间发生缓慢的漂移、损坏,无法完美地复制。因此从 20 世纪 60 年代开始逐步改用一些特定的原子系统中的量子效应来定义计量单位的量值,称为"量子基准",或称为"自然基准",从而开始了量子基准的时代。应用量子物理,尤其是量子跃迁现象建立的基本量单位的自然基准具有更高的准确度和稳定性,并且不以时间、地点为转移。国际上现已实现长度单位米(m)、时间单位秒(s)、量子电压基准伏特(V)、量子化霍尔电阻的电阻基准等自然基准。我国在激光波长的长度基准、约瑟夫森效应的电压基准、量子化霍尔电阻的电阻基准、原子冷却的时间基准以及重力加速度 g 的测量方面取得了一些成绩,但是还有很多问题有待解决。建立中国现代科学计量体系,缩小我国与发达国家在以量子物理应用为主要特征的科学计量前沿研究的差距,同时开展涉及多种学科或领域的基础测量方法的研究。

(2)开展依靠基本物理常数来实现计量单位的研究

争取基本实现部分量值依靠基本物理常数来复现计量单位。21 世纪,各国都在建立量子物理作为基础的计量基准的基础上,逐步发展依靠基本物理常数来实现计量单位量值。基本物理常数如真空中的光速 c_0、普朗克常数 h、基本电荷量 e 等是一些对物理学起基础性重要作用的普适常数。按照目前的物理知识这些常数是恒定不变的。如果能用基本物理常数定义单位和作为计量基准不仅会有极高的准确度和稳定性,还会有很好的普遍适用性。我国目前在质量的自然基准、单电子隧道效应的电流基准,以及热力学温度绝对测量、阿伏加德罗等物理常数测量等方面的基础研究工作还处于起步阶段。建立中国现代科学计量体系应着力开展依靠基本物理常数来实现计量单位量值的问题。

1)进一步提高时间频率基准的准确度

在七个基本物理量中,特别重要的是时间频率量子基准,它深刻地影响了其他基本物理量的发展,迄今已有长度单位、电压、电阻单位应用量子物理现象转换为频率计量,电流、质量和温度计量单位向频率计量方向的转换正处于研究之中。在依靠基本物理常数来实现计量单位量值中,时间频率计量也起着十分重要的独特作用。我国要建立现代科学计量体系,建立以量子物理作为基础的计量基准和依靠基本物理常数来实现计量单位量值需要进一步提高时间频率基准的准确度。

2)长度基准

依靠基本物理常数来实现计量单位量值最成功的例子是米定义的变化。现在米的定义为:"米是光在真空中在 1/299792458 秒的时间间隔内所行进的路程的长度"。由于真空中的光速是一个常数,它不仅与光源的种类无关,甚至与参照系的自身运动速度亦无关,人们就可以通过准确测定稳定激光的振动频率值,导出其波长值,从而复现长度单位。要尽量减小光波波长的测量不确定度。

3)电压、电阻和电流基准

用普朗克常数 h 和基本电荷量 e 这两个基本物理常数结合频率标准可以导出电压单位和电阻单位,采用这种新方法后电压单位和电阻单位的稳定性和复现准确度提高了两到三个数量级。实现了电压和电阻基准后也可以从欧姆定律导出电流单位,但鉴于 SI 单位制中七个基本单位之一的是电流的单位安培,直接复现电流基准也一直是人们关注的问题,目前正在进行单电子电容器量子电流基准方面的探索。

4)质量基准

目前国际上已集中力量于另一重要研究项目——用阿伏加德罗常数 N_A 导出质量的单位,以代替最后一个保存在国际计量局的千克砝码原器实物基准。其中,单晶硅粒子法已经取得很大进展。

5)摩尔基准

摩尔是 SI 单位制中七个基本单位之一,但长期以来没能很好地得到复现。根据摩尔的定义,一摩尔的任何物质所包含的粒子数相同,即一个阿伏加德罗常数,因此摩尔复现的关键是测量阿伏加德罗常数 N_A。摩尔基准将随着质量自然基准的复现有很大的突破。

(3)重视计量基、标准的更新改造和后续研究

加快计量基、标准的更新改造,重视计量基、标准的后续研究,扩展测量范围和频段,提高测量能力和自动化水平。填补不能参加国际比对的所有空白项目。要解决长度、热工(温度)、力学、电学的更新改造和量值溯源问题,深入研究光学、无线电、电离辐射等领域里的空白基、标准。尤其是注重解决极端量,如极大、极小、极高、极低、极强、极弱等基、标准,以及动态量的溯源问题。加快开展弱电、弱磁、热物性、激光大功率测量的新基准研究任务。全面更新改造 20 世纪 90 年代以前建立的社会公用计量标准。

(4)加快建立高新技术以及国防尖端技术发展急需的计量基、标准

加快建立如信息技术、新材料技术、生物技术等领域所需的计量基、标准,解决其准确测量问题,包括纳米测量、生物工程测量,激光大功率测量,以及食品安全、环境监测等高科技手段。侧重点在以下几个方面:

1)研究微电子工业、信息技术、高清晰电视性能测量所需要的计量基、标准和准确测量问题。

2)国防尖端技术所需要的计量基、标准和准确测量问题,如高能激光器的测量溯源、军工和精密加工需要的精密尺寸测量、形状比较仪和形状误差的计量基准、现代测量和军事要

求的全方位振动计量基准等。研究超精细加工及其动态参数检测方面的计量基、标准,工业在线测控、动态参数测量等急需的计量基、标准。

3)研究解决新材料、新能源的计量基、标准和准确测量问题。特别是建立纳米国家计量标准和测量技术。国际计量局已经成立纳米计量工作组。我国须建立纳米计量标准和研究测量技术,促进我国纳米技术的发展。

4)解决电磁兼容测量设备的溯源问题。产品电磁兼容性能的评定日益重要,产品电磁兼容的测量已成为判断有关电子产品的质量的重要依据。建立对电磁兼容的测量设备的计量基、标准和溯源方法,是计量基、标准体系中很重要的一个方面。

5)建立生命科学计量研究项目。DNA、"克隆"等技术的发展需要高准确度的计量测试提供保障,国际计量部门已经积极开展生化计量工作。2000年国际计量大会向各国提出了研究测定DNA标准物质的问题,并将其确定为国际比对项目。我国要开展和加强生命科学计量研究项目,重点发展生化计量、表面化学、微区化学、过程化学、物质特性化学、高新材料的化学计量和测试技术。

6)研究对与农产品、食品、药品、环境监测有关的痕量元素、化学成分、有害物质的准确测量及其标准物质,包括痕量级农残、药残、二噁英、重金属等标准物质。研制出应用于环境保护、食品、药品、医疗诊断、石油及石油制品等测量装置及其标准物质。

四、建立现代工业计量体系

1.建立和规范我国市场化的计量校准体系

逐步建立市场化的计量校准体系,支撑我国工业经济的快速发展。为此,需要制定计量校准市场规则,建立准入制度,培育规范的计量校准市场,创造公平竞争环境。

1)允许对非强制检定的计量器具开展校准。

2)引导现有的计量技术机构为社会广泛提供计量校准、检测服务,并充分吸纳社会各方面具备准入条件的其他技术机构,包括按"入世"承诺的开放时间允许国外技术机构,有序地进入计量校准市场。支持具有较强技术能力的计量机构创造条件建立集约化的计量校准、测试集团,应对国外校准、测试机构进入国内的竞争。

3)为了避免量值混乱失控,要利用对计量标准进行考核的方式,监控全国量值溯源的统一。要大力开展计量保证方案(MAP)法的研究,开展数据溯源方法的研究。凡开展计量校准服务的技术机构所使用的计量标准,必须与国家计量基准保持严格的量值溯源关系,以确保其出具的测量结果准确可靠;凡使用未经量值溯源的计量标准或超过计量标准量值溯源范围对外开展计量校准服务的机构,在《计量法》中规定相应的处罚条款,由计量行政部门予以处罚。

4)支持具有较强技术能力的技术机构,创造条件,建立集约化的计量校准集团,以应对国外校准机构进入国内的竞争。实现"入世"后加强和完善我国计量体系的目标。

2.加强企业计量基础建设,建立现代计量检测体系

(1)对企业计量体系实行分类管理

由于我国企业计量工作的基础有很大差别,企业对计量体系的需求也各有不同,因此,有必要对企业计量体系实行分类管理。

(2)按国际标准建立现代企业计量体系

目前,涉及企业计量体系有关的国际标准有四类:ISO9000 质量管理体系国际标准;ISO10012 计量体系国际标准;ISO/IEC17025 检测和校准实验室能力的通用要求;ISO14000 环境认证国际标准。目前,这些标准对计量体系的要求虽然侧重点不同,系统性和详细程度也不相同,但都是为了保证测量的准确可靠,在企业建立一个对测量设备进行校准、检定、验证、调试或修理及出具证书、标志等活动的计量体系,包括对测量设备、计量人员以及环境条件的管理。

(3)建立测量过程控制体系

企业的产品质量的保障、能源物料的核算、安全生产的实现等不仅需要最终检验和测试,更需要对生产和经营管理过程的连续测量和监控。目前国际上普遍认为,单靠对测量设备进行周期校准是不够的,只有建立测量过程控制体系,把企业计量体系发展到对测量数据的管理,把"设备管理"与"数据管理"很好地结合起来,才能使企业生产过程、产品质量和经营管理得到保证。

3.建立我国计量仪器仪表的产业化体系

(1)计量仪器仪表的产业发展目标

我国计量仪器仪表的产业发展目标是:我国的仪器仪表产业,包括工业自动化仪表与系统、科学仪器、医疗仪器、信息技术电测仪器、其他各类测量仪器仪表以及相关的传感器、元器件和材料,研究开发和生产能力要争取达到或接近 21 世纪同期国际水平。

到 2010 年,我国仪器仪表产业销售总收入预期达到 3200 亿元,出口 110 亿美元,其中包括技术含量高的大中型仪器仪表。工业自动化仪表与系统、科学仪器能满足国内市场 60% 以上的需求;医疗仪器和其他仪器仪表能满足国内市场 50% 以上。

(2)重点领域的计量仪器仪表

我国仪器仪表产业发展的重点领域是:

1)工业自动化仪表与控制系统;

2)科学仪器;

3)医疗仪器;

4)信息技术测量仪器;

5)传感器、元器件及仪表材料;

6)加强仪器仪表基础技术,尤其是提高稳定性和可靠性共性技术研究。

复习思考题

1. 我国计量体系的框架是怎样的?

2. 国家质检系统计量管理体系是怎样的?

3. 简述《计量法》的主要内容。

4. 我国计量体系尚需解决的问题有哪些?

5. 如何建立我国的现代计量体系?

第二章　国际计量单位的发展过程

第一节　国际计量单位概述

在研究计量学的过程中,首先遇到的两个最重要的概念是"量"和"单位"。物理量简称为量,用来表征现象、物体或物质所具有的形式,是现象、物体或物质的可以定性区别和定量确定的一种属性。单位是定量表示同种量大小的特定量。

一、计量单位和单位制

1.计量单位

计量单位是为定量表示同种量的大小而约定的定义和采用的特定量,简称为单位。计量单位是共同约定的一个特定参考量,具有名称、符号和定义,其数值为1。国际法制计量组织把"数值等于1的量"作为单位的定义。

计量单位,特别是基本单位的定义,是在实践中逐步形成的,它随着科学技术的发展而重新定义,体现着现代计量学的成就和水平。

由于量的种类繁多,为了便于应用,便在给定量制中,约定选取某些独立定义的基本量单位作基础,即把计量单位分为基本单位和导出单位。"在给定量制中基本量的计量单位"称为"基本单位","在给定量制中导出量的计量单位"称为"导出单位"。

要注意区分量纲与单位的概念,不能混淆。在量制中,以基本量的幂的乘积表示该量制中一个量的表达式,这个表达式就是该量的量纲。量纲用于给出导出量和基本量之间的定性关系,而导出单位表达式用于给出导出单位和基本单位之间的定量关系。

2.单位制

单位制是对给定的量制、由选定的一组基本单位和导出单位所构成的单位体系。因此,单位制是指基本单位与其导出单位的组合。基本单位是一个单位制的基础,它可以独立定义;而导出单位只能通过基本单位的函数或方程式来定义。显然,所选取的基本单位不同,单位制也就不同。

如果某个单位制的导出单位均按照数字因数等于1的关系从基本单位导出,这样构成的单位制称为一贯单位制。力学中的 CGS 制就是一贯单位制,GB3100—1993 中的国际单位制也是一贯单位制。

在建立单位制时,确定基本单位最为重要,因为复现基本单位的方法和实体(计量基准)

的准确度,决定了该单位体系全部计量基准的准确度。因此,国际计量局和各国的计量研究部门始终把基本单位的计量基准研究放在首要位置。

基本单位有严格的、公认的定义,许多国家常以法律、法规的形式确定它们的定义。国际单位制(SI)的 7 个基本单位定义就是由国际计量大会通过决议确认的。基本单位的大小一经确定就不允许再变动,因为这将关系到由它导出的各个导出单位的量值。

二、国际单位制

国际单位制于 1960 年第十一届国际计量大会通过,是目前世界上最先进、科学和实用的单位制。

1. 国际单位制的起源

国际单位制是现代最先进的计量单位制,它集中了世界各国的科学研究成果,反映了当代科学技术发展的最高水平,是国际上共同的计量语言,已为世界各国普遍承认和广泛采用。研究、完善计量单位制,是计量学学科的重要任务之一。

18 世纪以前,世界各国的计量制度和计量单位杂乱无章。科学家们使用多种计量单位表述实验结果,这种状况非常不利于交流,科学研究受到影响。不同的国家(甚至同一国家的不同城市或地区)使用的计量单位往往不同,严重地阻碍国家、地区之间的经济贸易交流。统一计量单位制度成为世界各国科学、文化和经济交流的迫切要求,科学家们开始寻找一种适用于各国的通用计量单位制度。

国际单位制是在米制的基础上发展起来的,1869 年在法国巴黎召开"国际米制委员会"会议,会议于 1872 年 8 月召开,有 24 个国家派代表参加。会议作出决议,以"档案局米"和"档案局千克"为基准,复制一些新原器发给与会国。这些原器用铂铱合金(90% 铂和 10% 铱)制造,米原器是横截面为 X 形的线纹尺,千克原器则为直径和高相等(39mm)的圆柱形砝码。

1875 年 3 月 1 日在巴黎召开了"米制外交会议",有 20 个国家的政府代表与科学家参加,并于 1875 年 5 月 20 日由法、德、美、俄等 17 个国家的代表共同签署了著名的"米制公约",这是首次在全球范围内政府间签署协议以保证单位制一致和测量结果的统一。由各签字国的代表组成国际计量大会(CGPM),下设国际计量委员会(CIPM),其常设机构为国际计量局(BIPM)。100 多年来,国际米制公约组织对保证国际计量标准统一、促进国际贸易发展和加速科技进步发挥了巨大的作用。1999 年,第 21 届国际计量大会决定把每年的 5月 20 日确定为"世界计量日"。

国际计量大会(CGPM)是国际计量界的最高权力机构,每 4 年召开一次大会。第一届国际计量大会于 1889 年召开,会议将复制的 30 支新米原器中最接近"档案局米"的一支(No.6)定为国际米原器,称为"国际米",保存在国际计量局。截止到 2005 年 9 月,已有 51个米制公约成员国。我国于 1977 年 5 月 20 日加入米制公约组织。

国际计量委员会(CIPM)由 18 名资深计量学家组成,受国际计量大会的领导,负责指导和监督国际计量局(BIPM)的工作。

国际计量局是国际计量大会的常设研究机构,从事与国际单位制密切相关的基础研究。自 1927 年起,国际计量委员会设立了 9 个咨询委员会。各个咨询委员会负责就专门问题向国际计量委员会提出建议,并协调各自领域的研究计划。

2. 国际单位制的诞生

1861年,英国科学促进协会专门组织了一个委员会解决电学中的单位。法拉第、汤姆逊(开尔文勋爵)、麦克斯韦、韦伯等科学家都用力学量(长度、时间、力)和功的单位(厘米、秒)和克表示电学量的方程定义。1783年,出现了绝对静电单位制(CGSE)和绝对电磁单位制(CGSM)。两种单位制采用的基本单位都是厘米、克和秒,但由于导出单位选择的定义方程式不同,同一种物理量在两种单位制的量纲也不一样。为了解决这一矛盾,提出了高斯单位制。高斯制将所有的电学量都用CGSE单位制,所有的磁学量都用CGSM单位制。对于同时包含有电学量和磁学量的公式,则增加与真空中的光速c有关的系数,使全部电学量和磁学量的量纲和单位都能符合其物理含义。但是在其导出单位的量纲式中,经常出现分数指数,使用很不方便,于是,英国科学促进协会建议采用某些实用单位。

1881年,第一次国际电学大会采用了安培、伏特和欧姆等实用单位,构成了"国际制"实用单位,并将安培和欧姆建立了实物标准。19世纪末,陆续增加了库仑、法拉、焦耳、瓦特、亨利、韦伯、高斯、麦克斯韦等单位。这些实用单位在电学领域可以满足一贯性原则,但当它们和力学量一起出现时,就破坏了一贯性原则。1901年,意大利科学家乔吉建议把米·千克·秒单位制中的力学单位和实用电学单位结合起来,形成包括长度、时间、质量和一个电学性质的量在内的四个基本量的一贯单位制,这个电学量单位可以取安培或欧姆。此建议受到科学界普遍重视,但对于第四个量和电学性质的单位的选择问题,有许多不同的见解。经过有关国际组织的长期讨论,1935年国际计量委员会议决定,选用安培作为第四个量的基本单位。

1946年,国际计量委员会正式肯定了1935年关于采用实用单位制,即米·千克·秒·安培单位制(MKSA)的决定,后来成为国际单位制的一部分。

1954年,第十届国际计量大会根据决定采用米(m)、千克(kg),秒(s),安培(A),开氏度(°K)和坎德拉(cd)六个单位为建立新单位制的基本单位。1956年,国际计量委员会把上述六个基本单位作为基础的单位制称为"国际单位制"。1960年第十一届国际计量大会正式定名为"国际单位制",符号为"SI"。1967年,第十三届国际计量大会将热力学温度单位开氏度(°K)改称为开尔文(K)。1971年,第十四届国际计量大会将物质的量的单位摩尔(mol)增列为国际单位制的第七个基本单位。

1975年第十五届国际计量大会决定,增加两个导出单位,以贝可[勒尔](Bq)作为活度的SI单位的专门名称,戈[瑞](Gy)作为吸收剂量的SI单位的专门名称。1976年第十六届国际计量大会决议,增加一个导出单位,用希[沃特](Sv)作为剂量当量的SI单位的专门名称。

20世纪,计量在世界范围内得到全面发展,各主要国家(如:德国、苏联、英国、美国、日本、法国等)都建立起现代计量技术研究机构,许多国家在原有本国度量衡制的基础上采纳米制。到20世纪五、六十年代,大多数国家接受国际单位制,参加国际法制计量公约组织,建立起本国的计量技术、行政、法规体系。

3. 国际单位制的发展趋势

历届国际计量大会均对国际单位制的名称、定义、符号等作过修正,以使其更科学、更严格,更能反映当代科学技术的发展水平。例如,从基础研究的角度来看,要达到量值一致的目的,首先要按照国际单位制规定的定义,把基本单位的自然基准或实物基准复现出来。然后以此为准,建立导出单位的计量基准,再进行量值传递。根据这种原则,长度单位"米"已经重新定义三次。1983 年,第十七届国际计量大会通过了新的米定义,根据这个定义,米与约定的光速值及秒定义有关。从原则上说,长度单位已成为时间(频率)的一个导出单位,长度基准装置这一概念也不复存在。因此可以说,新"米"定义的实现是计量学单位制发展史上的一个里程碑。

国际单位制单位定义的另一大进展是,国际计量大会宣布从 1990 年 1 月 1 日起,全球使用约瑟夫森常数和克里青常数的推荐值。实现这一规定,可使采用基本物理常数定义电压和电阻单位的进程加快,而且复现准确度和稳定度可以比原来电压、电阻实物基准高出 2~3 个数量级,并将直接影响到电流单位的复现和定义的改进。由此表明,用基本物理常数导出单位的量纲,将各种物理量的测量转化为频率测量,是 21 世纪国际单位制的发展趋势。

在国际单位制的 7 个基本量中,目前只有质量单位还没有建立起自然基准。质量单位仍然定义在千克原器上。"千克"这个质量单位,在 1795 年是以长度单位"米"来确定的,即"1 立方分米的纯水在密度为最大时(温度为 4℃)的质量(或重量)"。1889 年第五届国际计量大会确定:国际米制委员会用铂铱合金制造的圆柱体砝码为"国际千克原器"。国际计量局曾加工复制了一批副原器,发给米制公约的成员国,作为这些国家的国家千克原器或国家质量基准。国际千克原器全世界只有一个,各国无法单独实现千克;千克原器又存在着被损坏或污染的可能,量值难以达到固定不变。自 1899—1994 年间,国际计量局对 34 个国家的千克原器组织过 3 次(1899—1911 年,1948—1953 年,1989—1994 年)国际比对。结果表明,国际千克原器的质量平均每年以 $0.5\mu g$ 的速率增加。在过去的 100 年间,质量变化约为 $50\mu g$。此外,人们虽然用原器定义宏观的质量单位千克,有些领域又不得不以碳 12 原子质量的 1/12 来定义微观的质量单位"原子质量单位",这就出现了两个质量单位如何协调一致的问题。因此,把质量单位从以实物砝码定义转变为以不随时间、地点而变的,用某种自然规律或某种物质特性重新定义量子质量单位,成为 21 世纪计量学的重要课题之一。

许多国际组织和学术机构,都对国际单位制的改进和完善作出了贡献。例如,国际计量局出版的《国际单位制》已修订了好几次(1985 年第 5 版,1991 年第 6 版)。国际理论与应用物理联合会(IUPAP)、国际理论与应用化学联合会(IUPAC)等,对量和单位的名称和符号提出了许多建议。1992 年新增加的尧[它]、泽[它]、么[科托]和仄[普托]等四个 SI 词头,就是由 IUPAC 建议补充,并在 1991 年召开的第十九届国际计量大会上通过的。

近年来,以基本物理常数如真空中的光速 c_0、普朗克常数 h、基本电荷量 e 等来重新定义一套更为科学、合理的计量单位制很受重视。可以预见,随着科学技术的不断进步,计量单位制还将在现有的基础上进一步发展和完善。

4. 国际单位制的构成

如图 2-1 所示,国际单位制是由 SI 单位(SI 单位、SI 导出单位)和 SI 单位的倍数单位组成。SI 导出单位又分为具有专门名称的 SI 导出单位、辅助单位以及各种组合形式的导出单位。

在实际应用中,基本单位、导出单位以及它们的倍数单位是单独、交叉或组合使用的,构成了可以覆盖整个科学技术领域的计量单位体系。

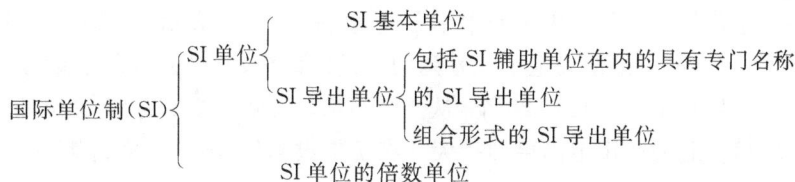

图 2-1 国际单位制构成示意图

（1）SI 单位

SI 单位由 SI 基本单位和 SI 导出单位组成。SI 单位都是一贯制单位，这样可以使表明物理规律的方程具有最简单的形式。

1）SI 基本单位

SI 基本单位有 7 个：即米、千克（公斤）、秒、安[培]、开[尔文]、摩[尔]和坎[德拉]，它们分别是相互独立的 7 个基本物理量（长度、质量、时间、电流、热力学温度、物质的量和发光强度）的单位，其对应的名称、单位符号和定义如表 2-1 所示。

表 2-1 SI 基本单位

量的名称	单位名称	单位符号	定义
长度	米	m	米是光在真空中（1/299792458）s 时间间隔内所经路径的长度
质量	千克（公斤）	kg	千克等于国际千克原器的质量
时间	秒	s	秒是铯-133 原子基态的两个超精细能级之间跃迁所对应的辐射的 9192631770 个周期的持续时间
电流	安[培]	A	安培是在真空中，截面积可忽略的两根相距 1m 的无限长平行圆直导线内通以等量恒定电流时，若导线间相互作用力在每米长度上为 2×10^{-7}N，则每根导线中的电流为 1A
热力学温度	开[尔文]	K	开尔文是水三相点热力学温度的 1/273.16
物质的量	摩[尔]	mol	摩尔是一系统的物质的量，该系统中所包含的基本单元数与 0.012kg 碳-12 的原子数目相等
发光强度	坎[德拉]	cd	坎德拉是一光源在给定方向上的发光强度，该光源发出频率为 540×10^{12}Hz 的单色辐射，且在此方向上的辐射强度为（1/683）W/sr

注：①圆括号中的名称，是它前面的名称的同义词；

②无方括号的量的名称与单位名称均为全称，方括号中的字，在不致引起混淆、误解的情况下，可以省略。去掉括号中的字，即为其名称的简称。

2）SI 导出单位

SI 导出单位是由包括 SI 辅助单位在内的、具有专门名称的 SI 导出单位和组合形式的 SI 导出单位组成。它们可以分为四类：

① 用 SI 基本单位表示的 SI 导出单位；

② 包括 SI 辅助单位在内的具有专门名称的 SI 导出单位；

③ 用辅助单位表示的 SI 导出单位；

④ 上述三类单位组合而成的导出单位。

3）SI 单位的倍数单位

SI 单位的倍数单位由 SI 词头加上 SI 单位构成。在实际应用中，为了表示某种量的不同值,只有一个主单位在实际应用中非常不方便,例如,用千克表示原子的质量则太大,表示地球的质量则又太小。于是便确定了一系列的十进制词头,使单位相应地变大或变小,以满足不同的需要。目前 SI 词头共有 20 个,从 $10^{24} \sim 10^{-24}$(见表 2-2)。SI 单位的倍数单位的使用,使得国际单位制的适用范围更加扩大。有了倍数单位,国际单位制就可以适应各种不同场合和用途中量值大小的表述。

SI 单位加上 SI 词头后,就不再称为 SI 单位,而称为 SI 单位的倍数单位。

表 2-2 SI 词头

因数	词头名称		符号
	中文	英文	
10^{24}	尧[它]	yotta	Y
10^{21}	泽[它]	zetta	Z
10^{18}	艾[可萨]	exa	E
10^{15}	拍[它]	peta	P
10^{12}	太[拉]	tera	T
10^{9}	吉[咖]	giga	G
10^{6}	兆	mega	M
10^{3}	千	kilo	k
10^{2}	百	hecto	h
10^{1}	十	deca	da
10^{-1}	分	deci	d
10^{-2}	厘	centi	c
10^{-3}	毫	milli	m
10^{-6}	微	micro	μ
10^{-9}	纳[诺]	nano	n
10^{-12}	皮[可]	pico	p
10^{-15}	飞[母托]	femto	f
10^{-18}	阿[托]	atto	a
10^{-21}	仄[普托]	zepto	z
10^{-24}	么[科托]	yocto	y

（2）国际单位制外的单位

国际单位制外单位是不属于给定单位制的计量单位。从理论上讲,国际单位制已经覆盖了科学技术的所有领域,可以取代所有其他单位制的单位。但在实际应用中,由于历史原因或在某些领域的重要作用,一些国际单位制以外的单位还在广泛使用,可是国际单位制还不包括它们。因此,国际计量大会在公布国际单位制的同时,还确定了一些允许与 SI 并用的单位和暂时保留的非 SI 单位。

1）与 SI 并用的单位

与 SI 并用的非 SI 单位包括:时间单位日(d)、时(h)、分(min)、平面角单位度(°)、[角]分(′)、[角]秒(″)、体积单位升(L,l)、质量单位吨(t)等属于应用范围很广泛的单位;质量单位的原子质量单位(u)、能的单位电子伏(eV)等则属于在某些领域中具有重要作用的单位。这 10 种单位被确定为可与国际单位制并用的单位。

2）与 SI 暂时并用的单位

考虑到一些国家以及某些领域内计量单位使用的现状,国际计量委员会提出的一些可以暂时保留的非 SI 单位。这些单位是考虑历史和习惯的原因而保留的,今后应逐渐减少它们的使用,直至完全不用。

三、基本物理常数

目前看来,量子计量学是计量学的最高境界,而基本物理常数是具有最佳恒定性的物理量,它不因时间、地点而异,也不受环境和实验条件和材料性能的影响,成为量子计量学的重要基础。物理学中一些著名的定律或理论,如牛顿引力定律、阿伏加德罗定律、法拉第定律、相对论、量子论等,都伴随着相应的基本物理常数。如引力常量 G、阿伏加德罗常数 N_A、法拉第常数 F、真空中光速 c、普朗克常数 h 等。这些常数对定律和理论具有重要意义。仔细研究从各个不同物理领域的实验所得到的物理常数,能够逐个考察物理学本身的一些基本理论的一致性和正确性。物理常数的准确度量级不断提高,往往能帮助人们对自然的认识更加深化。当物理学研究从宏观进入微观探测时,发现量子效应比宏观现象具有更好的不变性。早在 1906 年,著名物理学家、量子论的创始人普朗克就提出用基本物理量作为单位制的基础的科学设想。因为根据原子物理学和量子力学理论,通过一系列基本物理常数,如电子质量 m_e、光速 c、普朗克常数 h、玻耳兹曼常数 k 和阿伏加德罗常数 N_A 等,可以建立微观量和宏观量之间的确定关系,即原则上可以由微观量定义计量单位。但限于当时的科技水平,这一设想无法实现。20 世纪 80 年代以来,量子电子学、激光、超导、纳米等技术迅速发展,使这一设想成为可能。20 世纪 90 年代初,国际上正式采用约瑟夫森(Josephson)效应和量子化霍尔效应为基础,复现电学计量单位。根据约瑟夫森常数和克里青常数,借助频率基准,导出电压和电阻单位,可以得到高于原来电压和电阻实物基准 2~3 个量级的复现准确度和稳定度,展示了用频率和基本常数定义基本单位、研究建立新的单位体系的发展趋势。

基本物理常数之间存在着密切的相互关系。测量某一个常数可以具有多种方法和手段,为了检验按不同方法独立测出的各种常数或其组合量,考察它们在各自测量的误差范围内是否互相一致,发现系统误差,常采用最小二乘平差法得出常数的一组最佳值,作为国际上的推荐值。最早的一次平差是伯奇于 1929 年首先进行的。在这之后 1945 年、1969 年,都由科学家结合研究工作做过平差。每次平差的结果都可成倍地提高常数的准确度,减小不确定度,改进平差方法,使常数更加科学合理。

1973 年以来,基本物理常数的平差是在国际科学协会科学技术数据委员会(CODATA)的基本常数工作组的直接主持下,根据各国积累的实验数据分析,取舍编纂而成的。CODATA 自 1973 年第一次公布物理常数以来,1986 年、1998 年、2002 年、2006 年都推荐过基本物理常数值。前三次公布的推荐值相隔十余年,而后两次的时隔只有四年,这反映了科学技术的迅速发展。CODATA 基本物理常数推荐值越来越精确、可靠和丰富,形成越来越完善的自洽体系,是物理学、化学和计量学等许多科学技术领域经常使用的基本数据,具有重要的科学意义和实用价值。

第二节 长度单位——米

1875 年,《米制公约》的签订促进了各国计量制度走向统一,成为现代计量学创立的标志。

一、米制的产生

18 世纪中叶,世界各国的计量制度和计量单位杂乱无章,科学家们使用各种计量单位来表述他们的实验结果,这种状况不利于交流,也影响科学研究。统一计量单位制度成为世界各国科学、文化、经济、交流的迫切要求,科学家们开始寻找一种适用于各国的通用计量单位制。

米制建立于 18 世纪 90 年代,是法国大革命的第一个科学成果。1790 年,国民议会责成巴黎科学院组成计量改革委员会,委员由当时的一批著名科学家担任。由被称为"近代化学之父"的科学家、国民议会议员拉瓦锡为计量改革委员会主席,委员有天文学家拉普拉斯、数学家拉格朗日、物理学家库仑等。改革委员会成立了测量、计算、试验摆的振动、研究蒸馏水的重量(质量)以及比较古代计量制度五个小组。1791 年,改革委员会提议以赤道到北极的地球子午线的一千万分之一作为基本长度单位。考虑到能在全世界通用,单位名称没有采用法语,而用古希腊语 Meter,意为测量。1 米的长度与当时欧洲各国原有的旧制单位数值相近。面积和体积的单位分别是平方米和立方米的十进倍数单位与分数单位。质量或重量的单位是 1 立方分米的水在密度为最大时(温度为 4℃)的质量(或重量)。由于这种单位制度完全以米为基础,因此称为米制。

1791 年,国民议会采纳了以米为基本单位的计量制度的建议。随即,由德朗布尔(Delambre)和麦卡恩(Mechain)两位博士带队测量从法国敦刻尔克经过巴黎到西班牙巴塞罗那之间的地球子午线弧长;拉瓦锡等人测量给定体积的水的质量(或重量)。由于测量地球子午线需要较长时间,1793 年改革委员会又提议采用已有的测量数值建立临时的单位标准。并根据已有测量地球子午线长度的数据,设定了 1 米的长度,制作了一支黄铜尺作为米的临时标准。1794 年 5 月,拉瓦锡逝世后,由他的助手们完成了 4℃时 1 立方分米水的质量的准确测量,并用烧结铂制作一个千克砝码,即千克基准。1795 年 4 月 7 日,国民议会颁布了采用米制的法令。

在测量地球子午线时,科学家们延长了测量的距离。向北,由敦刻尔克延长到与格林威治差不多的相同的纬圈上(约 N51°);向南,由巴塞罗那延长到地中海的福尔门特拉岛(约 N38.5°)。整个子午线长为 12.5°,其中点接近北极点和赤道之间的中央纬圈(即 N45°)。可以说测量中是历尽了千辛万苦,还曾被西班牙警方误认为法国的密探。测量工作大概在 1796 年完成,归来时受到英雄般的欢迎,拿破仑给予极高评价:"胜利如过眼烟云,但这项成就将永存于世"。通过实测结果求得巴黎所在经度圈上一个象限的子午线长等于当时法国古尺 5130740 督亚士(Toise),以一个象限子午线的一千万分之一,即 0.5130740 督亚士(Toise)为 1 米的标准长度。根据测量结果制作了基准米尺。该尺用宽 25.3mm、厚 4mm 的铂板制成,两端面之间的距离为 1m。

1799 年 6 月 22 日,米和千克这两件原器被保存在巴黎共和国档案局里(因而称为"档案局米"和"档案局千克"),并从法律上分别给出 1m 和 1kg 的值。事实上,不久发现这两个档案局原器的值都偏离了原来的定义。档案局米尺比地球子午线长度的四千万分之一短了约 0.2mm。档案局千克等于 1.000028dm³ 最大密度水的质量,比原来定义准确等于 1 dm³ 的水的质量大 28mg。但是如果要重新测量地球子午线的长度很不容易,因此就直接用这两个档案局实物原器分别作长度单位米和质量单位千克的基准。

19 世纪后半期,米制已被欧洲、美洲的许多国家接受,把所有单位构成一种逻辑关系逐渐成为迫切要求。英国科学促进协会(BAAS)在关于单位制概念的发展中起了重要作用。该协会的标准委员会选定力学领域中的厘米、克和秒三个基本单位构成力学单位制(GSX),出现了第一个一贯单位制,但这个单位制只适用于力学领域。

二、米制的发展

国际计量局经过较长时间的研究,用含铂 90%、铱 10% 的合金精心设计和制成了 30 根横截面呈 X 形的米原器。这种形状最坚固又最省料,铂铱合金的特点则是膨胀系数极小。这 30 根米原器分别跟铂质米原器比对,经过遴选,取其中一根作为国际米原器。1889 年,国际计量委员会批准了这项工作,并且宣布:1 米的长度等于这根截面为 X 形的铂铱合金尺两端刻线记号间在冰融点温度时的距离。其余一些米原器都与国际米原器作过比对,后来大多分发给会员国,成为各国的国家基准,以后每隔几十年都要进行周期检定,以确保长度基准的一致性。然而实际上米原器给出的长度并不一定正好是 1 米,由于刻线工艺和测量方法等方面的原因,在复现量值时总难免有一定误差,这个误差不小于 0.1 微米,也就是说,相对误差可达 1×10^{-7}。时间长了,很难保证米原器本身不会发生变化,铂铱合金米尺由于内部精细结构随时间变化,造成了两条规定刻线间距离的变化,从而无法保证国际米原器所规定的精度。再加上米原器随时都有被破坏的危险,所以,人们越来越希望把长度的基准建立在更科学、更方便和更可靠的基础上,而不是以某一个实物的尺寸为基准。光谱学的研究表明,可见光的波长是一些很精确又很稳定的长度,有可能当作长度的基准。19 世纪末,在实验中找到了自然镉(Cd)的红色谱线,具有非常好的清晰度和复现性,在 15℃ 的干燥空气中,其波长等于 $y = 6438.4696 \times 10^{-10}$ 米。1927 年形成国际协议,决定用这条谱线作为光谱学的长度标准,并确定 1 米 = 1553164.13yCd,人们第一次找到了可用来定义米的非实物标准。

但随着对微观世界了解的不断深入,人们受到爱因斯坦对光电效应和光的本质的成功解释以及普朗克定律的启发,许多科学家提出利用原子辐射的波长值取代国际米原器作为"米"的新定义。科学家继续研究,后来又发现氪(86 Kr)的橙色谱线比镉红线还要优越。德国联邦物理技术研究院(PTB)率先研制成功了氪-86 低压气体放电灯,氪-86 灯处于一定技术条件下氪-86 同位素原子在某种能级跃迁时辐射出的橙黄色谱线的真空波长值是个"定"值。于是 1960 年第十一届国际计量大会通过了"米"的新定义:"米等于氪-86 原子的 $2p_{10} \sim 5d_5$ 能级间跃迁辐射真空波长的 1650763.73 倍的长度"。这是"米"定义的第二次变更。使"米"成为世界上第一个量子基准。这是计量史上的一个重要的事件,标志着长度基准实现了由实物基准向自然基准的转变。长期以来,人们最担心实物基准因天灾(如地震等)、战争或其他原因(操作失误等造成的损坏或准确度降低)使保存的量值和数据中断。有了自然基准,这样的担心就彻底解除了。该自然基准的另一个优点是使准确度提高了 2 个数量级,达到了 10^{-9},这是个了不起的进步。米的量子基准不仅为其他国际单位的量子化开了先河,还起到很大的推进作用。1960 年,激光的诞生为进一步提高米的复现精度提供了可能性,激光的特点之一是单色性好,常用的氦氖激光,波长范围可比氪-86 灯光波长小 10 万倍以上,亮度高,是理想的"光尺子"。1983 年第 17 届国际计量大会将"米"定义为"光在真空中 1/299792458s 时间间隔内行程的长度"。这便是米的第三次定义。光速在真空中是不变的,所以基准米就更精确了,这把"尺"的长度就是激光的波长。这样的定义其主要优点是使米的复现不受测量方法的制约,定义就更具有科学性。另外,新的米定义有重大的科学意义。从此光速 c 成了一个精确数值。把长度单位统一到时间上,就可以利用高度精确的时间计量,大大提高长度计量的精确度。目前,各国都以激光波长作为复现来定义长度基准。而在国际推荐的十几种激光辐射中,又以甲烷吸收稳频的 He-Ne 激光波长的复现精度最高,它的波长约为 $3.39\mu m$,而以波长为 633nm 的 He-Ne 激光应用最广泛。

第三节　质量单位——千克

质量是最基本的物理量之一,其应用范围极其广泛。在国际单位制中,质量是基本单位。质量的国际单位是"千克",它是用"国际千克原器"所具有的质量值来复现。"国际千克原器"是目前世界上复现质量单位唯一的"实物"基准。

一、千克基准的起源

米制在法国创立后,很快就得到了各国科学家和各种学术团体或协会的赞许,纷纷提出"采用米制作为国际单位制"。根据各国建议,1869 年法国政府正式邀请各国派学者来法国组成国际米制委员会,由该委员会研究给各国制造米制计量基准器的问题。1872 年国际米制委员会决定采用法国档案局所保存"档案千克"作为质量单位。"档案千克"的定义是:取温度为 4℃时在标准大气压(760mm 汞柱)下的一立方分米的纯水作为质量单位,称为"千克"。这项测量工作由拉瓦锡等人完成。根据测量结果,制造了一个千克的基准范型——当时的"千克"基准范型。当时的基准范型是用铂制成的略带圆角的圆柱体。1799 年 6 月 22 日,千克基准被提交法国立法院,并最后决定放在法国档案局保存。后来,人们就把放在档案局的这个千克基准称做"档案局千克"。

1878 年国际米制委员会向英国伦敦的 Johnson Matthey and Co 公司订购三个铂铱合金圆柱体,1879 年供货单位交了货,然后由 A·科洛特在巴黎抛光并进行了调准,其偏差在 ±1 毫克以内。用 KⅠ、KⅡ、KⅢ 表示这三个铂铱合金圆柱体。1880 年在巴黎测量所由四名检定人员用巴黎档案局保存的"档案局千克"与这三个圆柱体分别进行比对。10 月 18 日比对工作结束,由观测结果发现 KⅢ 的质量最接近保存的"档案局千克"的质量。如果不考虑"档案局千克"体积测定误差,新原器质量和"档案局千克"的质量偏差不超过 0.01mg。1882 年 4 月 26 日,KⅢ 千克原器被提交给国际米制委员会,1883 年 10 月 3 日 KⅢ 被确定为国际千克原器。它是直径与高均为 39mm 的铂铱合金的正圆柱体,其中铂占 90%,铱占 10%,各自纯度为 99.99%。其棱边是圆弧形的。它的体积是用液体静力衡量法测得的,在温度为 293.15K(相当于 20.15℃)时,体积为 45.3960cm³。1887 年 10 月 15 日国际米制委员会以会议记录形式在文字上正式明确"国际千克原器质量被定义为国际计量检定业务使用单位"。

1882 年起国际米制委员会在同一家公司用同样的材料又制作了编号为 No.1~No.40 的 40 只千克原器,分别和国际千克原器进行了直接比对。到 1889 年所有千克原器的制造调整比对工作全部完成,连同 KⅠ、KⅡ共有 42 只千克原器。

1889 年召开了第一届国际计量大会,大会批准了"国际米制委员会通过的千克原器",决定今后该原器作为质量单位,并保存在国际计量局原器库里(图 2-2、图 2-3)。同时决定将 34 个千克原器用抽签分配的办法分发给签署 1875 年米制公约的国家,作为各国质量的最高基准。为了保证各国的质量量值的统一,国际计量局对各国的千克原器已进行过 3 次周期检定:第一次周期检定是在 1910—1913 年进行的;第二次周期检定是在 1946—1954 年进行的;第三次周期检定是在 1989—1993 年进行的。从周期检定的结果可知,质量量值总平均不确定度稳定在 10^{-9} 数量级上。但目前看来又成为 7 个国际基本单位中准确度最低、尚未实现量子化的基准。但三次周期检定也显示出千克原器不确定度每次都有 $1×10^{-8}$ 量级的变化。此外,实物基准还有易受损坏和材料老化等问题。

图 2-2　国际千克原器

质量自然基准复现的是一个不随时间变化的恒量,目前期望的不确定度为 $1×10^{-8}$。随着现代测量技术的发展,质量实物基准必将被质量自然基准所代替。由于千克原器的易损性,通常的溯源比对都是通过副基准实现,即要尽量减少与原器的比对次数,因此,与原器比对的次数通常来说是比较少的,使比对周期显得漫长一些。

我国于 1965 年引进了国际计量局编号为 60 号和 61 号的两个千克原器,并把 61 号千克原器作为国家质量基准。1965 年 3 月至 5 月由国际计量局进行最后检定并于 1965 年 8 月运至我国,保存在中国计量科学院质量试验室。它们的体积和质量分别为:

No.61:在 0℃时的体积为 46.3799cm³,质量为 1kg+0.187mg;

No.60:在 0℃时的体积为 46.3867cm³,质量为 1kg+0.271mg。

其中 No.61 为我国千克基准,No.60 为我国旁证基准。由于某种原因,将 No.60 变为国家千克基准,1984 年将 No.61 送国际计量局,换回 No.64 新铂铱合金公斤砝码作为我国的新旁证基准,其体积和质量分别为:

No.64:在 0℃时的体积为 46.3908cm³,质量为 1kg+0.249mg。

现在我国国家千克原器是 No.60。

图 2-3　国际千克原器的保管状态

1989 年我国的千克原器参加了第三次千克原器比对,参加比对的有 40 余个国家,1993 年 6 月公布了比对结果,我国的千克原器 No. 60 的量值为 1kg+0.295mg,总不确定度为 2.3μg(k=1),该数值在国际计量局给出的质量变化统计规律线上,从而证明我国的千克原器保存良好。

在这次比对中,各国的千克基准质量的平均增长率为 0.5μg/年,例如,瑞士的国家千克基准 No. 38 的质量在 1946 与 1989 年两次与国际千克原器比对的差值为+28μg。德国的国家千克基准 No. 55 与国际千克原器的比对结果为 1kg+0.252mg,其增长率也为0.5μg/年。

此外,令人费解的是:法国科学院的 No. 34 千克基准质量值从 1952 年到 1992 年的 40 年间相对于国际千克原器的质量变化为+0.27mg(这 40 年间,该千克原器一直保存在密封的容器中,没有使用过,也没有动过);R. Davis 从 1959 年至 1989 年对他们自己的千克基准进行长期实验考核,结果发现在这 40 年中其千克基准质量值相对增大了 6.0×10^{-7}。对于这个变化,尚未找出任何合理的原因。一种看法是保存在国际计量局的千克原器在 100 年中变化了约 50μg(5.0×10^{-8})。

我国实际使用的副基准是用不锈钢制造的砝码,共有 3 个,分别为 No. 9、No. 2 和 No. 12,其检定周期为 5 年。各省、市的计量机构都建立了不同等级的质量基准。

二、质量自然基准的研究

实现质量自然基准的主要方法目前有四种:X 射线单晶密度法测定阿伏伽德罗常数(单晶硅粒子法)、移动线圈功率天平测量普朗克常数(功率天平法)、晶粒子收集法、能量天平法。

1. 单晶硅粒子法

(1)研究进展

单晶硅粒子法是把 ^{12}C 原子的质量作为基本标准,通过对晶体中原子计数,过渡到宏观质量。该方法在 2007 年取得了有意义的进展,据《新科学家》网站报道:目前,一个由多领域、多国科学家组成的科研小组,利用硅 28 同位素历时 5 年、耗资 320 万美元成功制造出世界上最完美、最圆的物体(图 2-4)。同时,这物体有可能成为"千克"的新基准。这个最圆的物体是高纯度的硅-28 制成。整个研究项目被称为"阿伏伽德罗项目",由来自意大利、比利时、日本和美国的科学家组成研究小组。科学家们首先精确地计算出制造该物体所需的硅原子数目,然后利用高科技手段按照"1kg"的质量标准打造出这个球体。为了验证基准确度,科学家们用激光干涉仪从球体表面随机抽取 60000 个点,测量每个点彼此间的距离,以确保这个圆球体是世界上最精确的圆球体。同时,科学家们用 X 射线全衍射仪测量了球体中的硅-28 的晶格间距,以确定在一些极端条件下该球体不发生明显的原子变化。

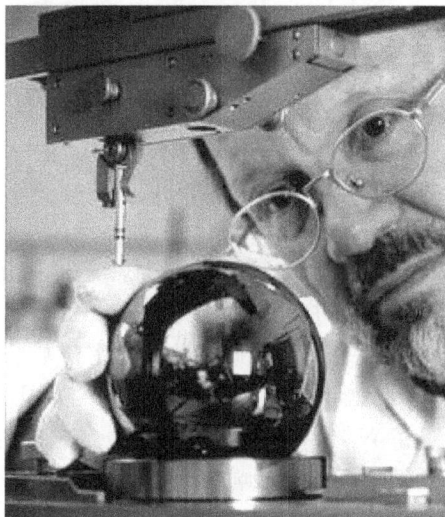

图 2-4　科学家正在检测硅球

该球体的原料是由俄罗斯提供的。6kg 高纯度的硅就花费了 120 万欧元,这些原料是用制造核武器的离心机分选出来的,纯度可达到 99.99%。运送到法国硅晶体研究所继续提纯,经过数年的努力后,终于将这些硅制成了单晶硅。随后,科研人员在澳大利亚的联邦科学和工业研究院(CSIRO)组织的实验室中将其打造成世界上最圆的物体。整个工程耗时 5 年,耗资 200 万欧元(约 320 万美元),同时,集合了世界上最顶尖的科学家和最精密的设备。目前,已制造出两个直径 93.75mm 的球体,两者的误差只有 0.3nm。

(2)原理分析

1)阿伏加德罗常数概念

N_A(阿伏加德罗常数)是 12g^{12}C(碳)原子所含的原子数,即 1 摩尔物质所含的原子数,是计量科学中一个十分重要的物理常数,用于定义计量学中七个基本物理量中的两个基本量:质量和摩尔。此外,N_A 还用于相关的物理常数的计算,例如:

① 玻耳兹曼(Boltzmann)常数:

$$k = R/N_A \tag{2-1}$$

其中 R 为普适气体常数。

② 普朗克(Planck)常数:

$$h = \frac{cA_r(e)M_0\alpha^2}{2R_\infty N_A} \tag{2-2}$$

其中 c 为真空光速，$A_r(e)$ 为电子的相对质量，M_o 摩尔质量，α 为精细结构常数，R_∞ 为里德伯常数。

2）阿伏加德罗常数研究

用晶体法测定 N_A 是一种比较成熟的方法，单晶硅因其独特的性能而被用作研究 N_A 的首选材料。按照定义，N_A 可表示为：

$$N_A = (M_o/\rho)/(V_o/n) \tag{2-3}$$

其中 M_o 为硅原子摩尔质量，ρ 为硅物质的宏观密度，V_o 和 n 分别为晶胞体积和晶胞粒子数。

目前的研究课题及其进展包括：

① 单晶硅摩尔质量测定，相对不确定度 10^{-8} 数量级；

② 晶格常数测定，相对不确定度 10^{-8} 数量级；

③ 硅球密度测量。这是 N_A 研究的难点和关键，对于能否实现质量自然基准作用重大。这是因为：

（a）硅球密度的测量不确定度比其他影响量（如单晶硅摩尔质量、晶格常数等）低近 1 个数量级，成为 N_A 研究的瓶颈。

（b）硅球密度测量装置最有可能用于实现质量自然基准的量值传递，即将质量最终溯源到长度基准（无论是粒子法或电学方法定义的质量基准）。

（c）硅球密度测量装置本身是一套高准确度的固体密度基准。

国外有日本（NMIJ）、澳大利亚（CSIRO）、德国（PTB）、英国（NPL）、美国（NIST）、意大利（IMGC）等十几个国家参与了 N_A 的研究，主要内容包括基准硅球的研制和硅球直径（体积）的测量。单晶硅基准球的球面度直接影响硅球体积的准确度。目前研究水平最高的实验室是澳大利亚的 CSIRO，最新进展已达球面度优于 50nm。图 2-5 为利用双频精密激光器（Fabry—Perot 干涉仪）测量球径的基本原理示意图。

长度测量系统的基本原理为：利用不同频率激光器的干涉条纹精确计算总干涉级次 N；利用对 Fabry—Perot 标准具位移扫描确定干涉级小数 ε；基准球直径 D 可表示为：

$$D = L - L_1 - L_2 = (N+\varepsilon)\lambda_A/2 \tag{2-4}$$

其中 λ_A 为激光波长，L_1、L_2 为基准球表面到标准腔的距离。该系统的分辨率达到了 0.5nm。对于球面度优于 70nm 的基准球，体积标准不确定度小于 1×10^{-7}。

除了体积的影响，N_A 的测量不确定度还必须考虑其它误差源，如晶格常数、摩尔质量等等。20 世纪 70 年代，NIST 给出的 N_A 的测量不确定度为 3×10^{-6}。经过二十几年的研究，日本 NMIJ 给出的测量不确定度为 3×10^{-7}，提高了整整一个数量级。此外科学家又提出了一种新的研究方法，即"浮压法"（Pressure of Flotation Method）：在一定的压力下，通过控制温度，利用液体体涨系数调节液体密度，从而比较测量基准密度球密度的方法。在绝对测量的基础上，通过浮压法比较、测量、修正硅缺陷、杂质等，具有较大潜力。目前，利用浮压法单晶硅密度测量最新进展已达到（基准球比对结果）4×10^{-8}，浮压法期望目标为 1×10^{-8}。

但是，N_A 研究也面临着一些问题。一是不同样品摩尔体积差异。PTB、IRMM（标准物质和测量研究所，比利时）、IMGC、NMIJ、CSIRO 等测得单晶硅的摩尔体积差异达 3×10^{-6}，科学家认为可能是由于单晶硅样品的空位和晶格缺陷差异，IRMM 和哈佛大学的研

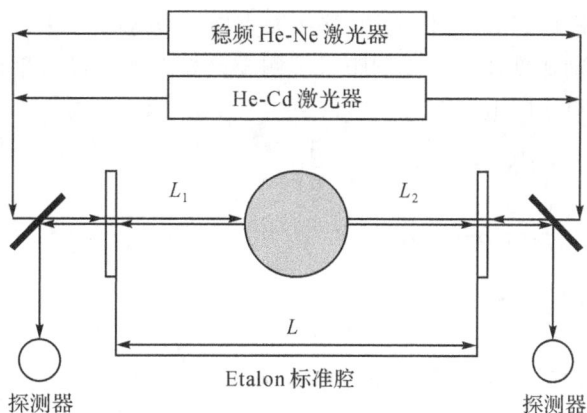

图 2-5 Fabry—Perot 干涉仪测长系统示意图

究人员正在采用"渗铜"的方法进行合作研究,希望找出单晶硅晶体样品的空位缺陷差别。另一个问题是实测 N_A 与普朗克常数导出值的差异达 10^{-6} 数量级。由此得出的结论是:如果普朗克常数正确,则实测 N_A 偏大;如果实测 N_A 正确,则用于推导 N_A 的某些常数可能有误。

2. 功率天平法

该方法利用移动线圈功率天平装置中机械功率与电功率相等的原理,由 NPL 研究人员于 1975 年提出。二十几年来,已有 NPL(1000 g 型)、NIST(1000 g 型)、METAS(瑞士计量认证研究所,100 g 型)等实验室分别建立了移动线圈功率天平,并对技术方案进行了多次改进。图 2-6 所示为经过改进的最新移动线圈功率天平的原理示意图。

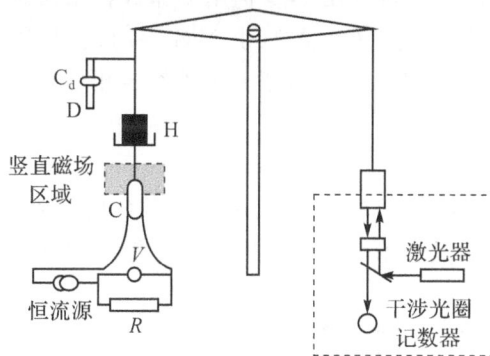

图 2-6 功率天平的原理示意图

图 2-6 中,天平的左面部分从上往下依次为:阻尼线圈"C_d",用以保持系统的匀速运动;砝码盘"H",其下面是均匀磁场区、可移动线圈"C"和恒流源。天平的右边为激光测距系统,用以测定线圈在磁场中的运动速度。

功率天平的操作步骤如下:

第一步是将 1kg 的标准砝码置于砝码盘"H"上,该砝码将与由恒流源提供电流的移动线圈产生的反向作用力在天平水平位置达到平衡,则有:

$$mg = -I\frac{\partial \varphi}{\partial x}, \tag{2-5}$$

式中,I 为线圈中的电流:$I=V/R$,Φ 为流经线圈的磁通量,x 为线圈位置。

第二步是移走标准砝码,断开恒流源,将线圈直接接至电阻 R 上。让天平匀速摆动(通过阻尼线圈"C_d"),摆动速度通过激光测距系统测定。当天平经过水平位置时,通过约瑟夫森电压基准装置可测得线圈电压 V':

$$V' = I'R = -\frac{\mathrm{d}\varphi}{\mathrm{d}t} = -v\frac{\mathrm{d}\varphi}{\mathrm{d}x} \tag{2-6}$$

其中,$v = \dfrac{\mathrm{d}x}{\mathrm{d}t}$ 为线圈切割磁力线的速度。

联立式(2-4)与(2-5),得到如下方程:

$$V'I = m_s g v \tag{2-7}$$

式中 m_s 为标准砝码的质量,g 为所处位置的重力加速度。将式(2-5)与相关基准联系起来,可表示为:

$$m_s = h\frac{K_{J-90}^2 R_{K-90}\{U\}_{V_{90}}\{I\}_{A_{90}}}{4\{g\}_{\frac{m}{s^2}}\{v\}_{\frac{m}{s}}} \tag{2-8}$$

其中,R_{K-90},K_{J-90} 分别为与量子化霍尔欧姆基准及约瑟夫森伏特基准相关的基本常数,$\{U\}_{V90}$ 为约瑟夫森伏特基准测量值,$\{I\}_{V90}$ 为用量子化霍尔欧姆基准及约瑟夫森伏特基准测得的电流值,$\{g\}_{m/s^2}$ 为基于基本量米和秒的重力加速度值,$\{v\}_{m/s}$ 为基于基本量米和秒的速度值,h 为普朗克常数。

可见,质量可用普朗克常数和基于约瑟夫森伏特基准以及米和秒等相关量表示。

移动线圈功率天平的研究目标主要分为两个阶段。第一阶段,用于千克实物基准的稳定性监测。第二阶段,用于定义质量基准,主要有两种方法:(1)利用移动线圈功率天平定义质量自然基准;(2)利用普朗克常数导出 N_A,仍用单晶硅粒子法定义质量自然基准。最新进展是普朗克常数测量不确定度达 8×10^{-8}(由 NIST 完成);用于对实物基准的监测时可监测到 1×10^{-8} 的变化量(由 NPL 完成);用普朗克常数导出 N_A 准确度优于实测 N_A 的 $4 \sim 8$ 倍。

3. 晶粒子收集法

该方法就是测定单原子(A_u^{197})质量,然后利用原子个数定义千克基准。该测量装置由 PTB 于 1991 年建立。目前,其技术方案已经过多次改进,原理图如图 2-7 所示。

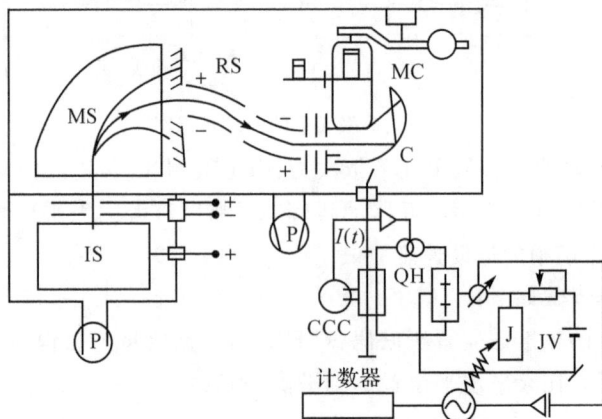

图 2-7　单粒子质量测量装置示意图

在图 2-7 中,"IS"为 $A_u{}^{197}$ 粒子发射源,"MS"为质量分离器,"RS"粒子速度控制系统,"C"为粒子收集器,"MC"为质量比较器,"P"为真空系统,"CCC"为低温电流比较器,"QH"为量子化霍尔电阻,"JV"为约瑟夫森电压源。该装置的原理比较简单:即一定的粒子质量对应一定的粒子电量,通过对收集的一定数量的粒子质量和粒子电量的精确测量,确定单个粒子的质量,用于定义质量基准。基本表达式如下:

$$m = \frac{m_a}{e} \int_{t=0}^{t_m} I(t)\,dt \tag{2-9}$$

式中,m 为宏观质量,m_a 为单粒子质量,$I(t)$ 为测得电流,t_m 为时间。式(2-7)表明了宏观质量可以用单粒子质量和电学量表示。如果已知粒子宏观质量,就可求出单粒子质量。

实验中,影响单粒子质量测量不确定度的主要因素有:质量称量(数量级:10^{-8}),时间测量(数量级:10^{-9}),电流(数量级:10^{-8}),量子化霍尔电阻(数量级:10^{-8})和约瑟夫森基准电压(数量级:10^{-9})。该装置测量单粒子质量的不确定度已达 3×10^{-7}。

4. 能量天平法

"功率天平"方案中最难的一点是要在悬挂于天平上的可动线圈上下移动的过程中测量移动速度,并要同时测量出线圈中的感应电动势。两者的测量要求都要达到 10^{-8} 以上。这一点已成为此种方案提高准确度的瓶颈。

为了克服这一难题,中国计量科学研究院的张钟华院士带领的研究团队提出了"磁能量(ME)天平法"方案,简称"能量天平"法,也可按国际上的惯例称为"焦耳天平"法。其特点是直接从量子化霍尔电阻(时间基准、长度基准、电压基准配合)导出质量量值,排除了在线圈移动过程中测量移动速度和感应电动势这一最大的难点,只进行静止状态下的测量。原则上可以达到比"功率天平"方案更好的结果。

5. 质量自然基准的发展方向

只有当普朗克常数、阿伏加德罗常数或单粒子质量的相对标准不确定度达到或小于 1×10^{-8} 时重新定义千克才能成为可能。上述几种方案的分析结果都给出了达到或小于 1×10^{-8} 的可能性。其中用移动线圈功率天平测量普朗克常数已经非常接近目标,具有良好的前途。但是,移动线圈功率天平成本十分昂贵,装置太过庞大,因此通过普朗克常数导出 N_A(由于导出过程中的其它物理参数测量不确定度均在 10^{-8} 左右,而且测量准确度易于提高,因此用普朗克常数导出 N_A 不会造成大的误差)从而采用单晶硅粒子定义质量自然基准是一种技术可行、实现简便的方法,这就要求大幅度的提高单晶密度的测量准确度。最新的研究表明,实现单晶硅密度测量不确定度 1×10^{-8} 是完全可能的。

第四节　时间单位——秒

目前为止,时间单位秒的计量准确度是所有基本单位中最高的。

一、秒定义的由来和沿革

历史上的秒定义源于天文,与地球运动周期的时标密切相关。在原子秒出现以前,总是先定义时标再定义秒;而原子秒定义本身已与天文时标无关,因而先定义原子秒再定义原子时，以便与世界时相协调。

1. 时间的概念

对时间的认识和测量同其他基本物理量一样，是以适应人类生存，满足社会生产力和科学实验的需求为动力的。时间不仅仅是现代天文科学高精度测量中的重要参量，而且，真正科学意义上的时间单位的定义源于天文；虽然由于近代高精度原子时秒的定义已被取代，但在导航、定位、大地测量等许多领域中，世界时仍十分重要。天文时对社会和科技进步的巨大贡献不可磨灭。

平常所讲的时间概念有两种含义：一种是指事件发生的时刻（钟表时刻），是指在连续流逝的时间中某事件在历元（始参考点）时间坐标上的瞬间时刻；另一种含义指某一事件发生的时间间隔，即两个瞬间的间隔所持续时间的长短。如学生早上 7 点 30 分到校；一节课有45 分钟。这两句话的前一句指的时间概念是"时刻"，后一句指上课到下课所持续的时间间隔。

2. 日、月、年的由来和发展

今天，原子时间频率（$T=1/f$）标准具有最高的稳定度（均匀性 10^{-15}）和准确度（1×10^{-15}）。这个结果的取得是先民们和历代科学家奋斗进取、循序渐进的结果。

古代，人们仰望天空来判断时间。地球绕太阳一周为一年，地球自转一周为一天。围绕地球转动的月亮的出没及圆缺的月相变幻是人类又一最早认识的重要天象。我国在商代前就产生了"月"的概念。从"日"到"月"的认识，标志着人类对时间测量的又一重大进步。直到 16 世纪通过哥白尼的发现才知道，年是地球绕太阳公转一周期的时间。四季变化、冷暖交替、河水泛滥、草木枯荣等等物候周期现象使人类逐步形成"年"和"四季"的概念。最早认识"年"，属古希腊和中国。年的四分产生了"四季"。日、月、年、四季的各种关系的科学安排就产生了"历法"。四大文明古国都有其悠久的编改"历法"史。现在全球普遍采用的科学准确的历法是格里高利历，即公历。它是在古罗马历法基础上发展编制的。公历纪年以耶稣诞辰之年为公历公元元年（即中国西汉平帝元始元年）开始。格里高利历的平均历年长度与回归年长度十分一致，而且简单易行并成为世界通用的"公历"。

将"日"再细分为"时"、"分"、"秒"又是时间计时器技术史上一大发展。中国古人利用日影的移动、物质的流动（如水、沙漏）等原理制成许多计量时间的器具，如圭表（公元前 7 世纪前）、漏刻等。它们的日计时误差可以达几十分钟。最先把一天分为 24 小时的是古埃及人。中国古代的计时法有 十二时辰制、十时辰制、百刻制等。值得提及的是我国宋代天文学家苏颂于 1088 年发明的水运仪象台，每天的计时误差约 100 秒，比欧洲同样准确度的钟早400 年。意大利的米兰于 1335 年制成重锤式机械钟，误差每天差约 15 分钟。1675 年，荷兰惠更斯利用伽利略发现的单摆周期十分稳定的"等时性"原理制成第一台摆钟，误差降到约10 秒。理论上把 1 小时分为 60 分，1 分划为 60 秒是 1345 年才出现的。约在 1550 年钟面上才出现分针。1759 年，英国的哈利森造出精密的航海钟，钟面上才出现秒针，误差每天约1 秒。1920 年，英国肖特制造出双摆天文守时钟，使摆钟达到当时机械钟之顶峰，误差每天仅几个毫秒，开创了精密计时的新时代。1927 年，美国马里森利用压电效应原理发明电子式石英钟，其准确度超过世界上当时最好的机械钟，每天误差仅 0.1 毫秒以内，并用它实验证明了地球自转的不稳定性，动摇了以地球自转周期为基础的时间标准的地位。

现代天文学和时间"日"的记数方法用更方便的儒略（Julius）日期。它从公元前 4713 年

1月1日起连续记日,用 JD 表示。它开始于格林尼治平正午,即世界时 12h。后因数字太大而引进约化儒略日 MJD。

3. 世界时(UT 平太阳时)及平太阳秒

所谓真太阳日就是太阳的视运动两次通过观测者所在子午圈的天顶的时间间隔。古代圭表所测量的就是真太阳日。因为地球绕太阳是一椭圆轨迹,其自转速率和绕太阳公转的角速度及它到太阳的距离实际上有系统和随机的微小变化(认识它已到 17 世纪至 18 世纪)等原因,导致地球两极位置发生微小变化,这使得一年中的真太阳日不一样长,最长和最短的真太阳日相差约 51 秒,其等分的 1/86400 秒长当然不固定。显然,真太阳时误差太大。法国于 1820 年正式提出秒长的定义为:全年中所有真太阳日的和再除以 365,得到一个平均太阳日,通常称"平太阳日",把它等分 1/86400 为一秒。当时认为这样的平太阳秒有不变的秒长,称为"平太阳时(平时)"。这样定义解决了秒长变化问题,但在实际应用中,这种秒不能实时获得,必须经历一年测量处理后才能得到。而且真太阳是一个发光圆面,测量不易对准。19 世纪末,美国天文学家纽康(S. Newcomb)提出用一个假想的点(平太阳)代替真太阳。这个平太阳在天赤道上(与地球赤道在同一个平面上)作匀速运动,其速度等于真太阳一年视运动的平均值,并尽量靠近真太阳。这样天文学家可以依据观测恒星周日视运动与假太阳之间的关系(1 平太阳日/1 恒星日≈1.00 274),实时测定平太阳时的日长和秒长。纽康这一创举很高明。1886 年,在巴黎召开的国际会议上同意用纽康这一方法定义平太阳日,它的 1/86400 为一平太阳秒。之后,又规定在英国格林尼治天文台本初子午线(零经度子午线)测得的、并由平子夜起算的平太阳时叫做"世界时",记号为 UT(Universal Time),一直沿用到今天。约在 20 世纪 30 年代之前,人们认为平太阳秒长是不变的。位于地球不同地方的子午线上测得的时间各不相同,我们称这样的时间系统为"地方时"。

为了把各地方的时间统一起来,1870 年,美国科学家伍德(C. H. Wood)首先提出、并不断改进和完善在全球划分"时区"的规划。华盛顿会议采纳并把这种按"时区"计量的时间称为"区时"。时区划分以本初子午线为起算点,从西经 7.5°到东经 7.5°划分为零时区,以零时区的东、西两边界分别向东和向西每隔 15°划一个时区:东西各划出 12 个时区,全球共划为 24 个时区。

1960 年以前时间单位的秒长一直使用平太阳时秒长。把直接测定的世界时记为 UT_0。只要知道观测点的精确经度值,就可把直接测得的地方平时换算成世界时。约 19 世纪末 20 世纪初,天文观测发现并证实了地球自转轴有微小变化。自转轴的摆动使地球表面的地极有相应的移动,天文上称为"极移"。它造成地球任何地点给出的经、纬度值发生变动。这样会使不同点的观测者所观测得到的地方时归算到世界时(标准时)时,它们的结果有差异。极移改正后的世界时称为 UT_1,即:

$$UT_1 = UT_0 + \Delta\lambda \qquad\qquad (2\text{-}10)$$

其中 $\Delta\lambda$ 为极移修正量。

1891 年,美国天文学家钱德勒(S. C. Chandler)指出:极移主要包括两个周期部分,即约 14 个月的周期摆动,和周年、半年、半月等周期变化。后来还发现随机变化。综合效应引起极移变化范围小于 $\pm0.4''$。20 世纪初发现地球自转速率的不均匀性是天文测量上的重大发现之一。至今,地球自转速率变化机理并未十分清楚,并很难用一个数学模型来精确表达。由于日、地、月互相吸引,潮汐摩擦等引起的这种长期变化导致在一个世纪中平均日长约增加 1.6 毫秒。季节性变化的改正加上 UT_1 称为 UT_2，即：

$$UT_2 = UT_1 + \Delta T_S = UT_0 + \Delta\lambda + \Delta T_S \qquad (2\text{-}11)$$

式(2-9)中，ΔT_S 为地球自转速度季节性变化改正量。一年中季节性日常变化的平均值约 $\pm$ 1 毫秒，并且还有随机的不规则的变化。

从 19 世纪中期到 1955 年前采用的时间标准是世界时 UT_0，而从 1955 年至 1960 年采用的时间标准为 UT_2。

4. 历书时(Ephemeris time, ET)(1960—1967 年)及历书秒

历书时是以地球公转运动为依据，由力学定律确定之均匀时间。以地球自转为基础测定的世界时及由它确定的秒长的准确度经改正后达 10^{-7}，远远满足不了现代科技进步等高精度的需求。人们必然寻求更高精度的以地球公转为基础的历书时。科学家们把由纽康编制的太阳历表作为历书时定义的基础主要有两点：第一，人类生活在地球上，太阳是人类最熟知的天体；第二，世界时是以地球自转为基础定义的，反映的是平太阳视运动规律。而平太阳时的严格定义来自纽康太阳历表，因此选择纽康的太阳历表是历史发展的必然结果。这样做容易使历书时与世界时建立连接关系。当时提出了原则要求：从世界时过渡到历书时时不应该产生时刻的跃变；历书时秒长与世界时秒长尽量逼近一致。

在 1956 年，国际计量委员会(CIPM)给出历书时秒的定义："秒为 1900 年 1 月 0 日历书时 12 时起算的回归年的 1/31556925.9747"。这样定义的时间测量系统被称为历书时，简称为 ET(Ephemeris Time)，其准确度可达 10^{-9}。1960 年，国际计量大会(CGPM)采纳了这一定义并决定从 1960 年开始起用历书时，直到 1967 年。

5. 原子时 AT(Atomic Time)与原子秒

很久以来，人们在使用世界时和历书时中深感它们的准确度和稳定度(均匀复现性)较低，测量又十分麻烦。为了满足更高准确度需求，如天文、大地测量、卫星发射、定位、导航、通信和深空探测等的需要，人们早就在微观世界探求新的、方便的、更高精度的测量时间的方法和装置。早在 1873 年、1879 年，麦克斯韦和开尔文就分别提出发射光谱的谱线波长和周期可以被用来确定长度单位和时间单位。历史发展证明这是一个高明的预言。20 世纪 30 年代物理学得到快速发展，尤其量子力学的发展揭示了微观世界物质运动的规律。玻尔运用光子理论提出了能级概念：把能量最低的能级称为基态能级，其余能级称为激发态能级。当原子由于某种原因从一个能级跳到另一个能级，从而发射或吸收两个能级差的能量过程称为原子跃迁。发射或吸收的能量以某一频率的电磁波的形式表现出来。其频率和能级差的关系式由下式决定：

$$f = (Em - En)/h \qquad (2\text{-}12)$$

式中，f 为发射或吸收的无线电波频率；Em 和 En 分别为原子的两个不同能级对应的能量；h 为普朗克常数，$h = 6.626 \times 10^{-34}$ J·s。

由于原子的能级是高度确定的，所以由式(2-10)可知，原子跃迁时发射或吸收的电磁波频率也是高度确定的。这就是新原子时标准的物理基础。

如何利用原子跃迁现象实现对频率的精细控制，科学家们及各方面工程技术人员为此付出艰辛的努力和多次实验改进。1936 年，美国人拉比(I. Rabi)在提出原子束谐振理论基础上进行了多次相关实验，揭开了利用原子跃迁实现频率控制的新技术方法。拉比因此荣获 1944 年度诺贝尔物理学奖。美国标准局在 1948 年研制成功第一台氨分子钟。1955 年。

英国物理研究所研制成功第一台铯束原子频率标准,开创了实用原子钟的新时代。在第一台原子钟研制成功后,美国海军天文台的马可维奇(W. Markowitz)等人用历书时秒测定铯束振荡器的频率值。根据 1955～1958 年间的测量结果,得到在一个历书时秒长的间隔期间,铯束振荡器的频率值为:

$$f_{Cs} = (9192631770 \pm 20)\,Hz \tag{2-13}$$

并指出,式(2-11)中 20Hz 的不确定度完全来源于历书时秒的不确定度。到 1967 年,铯束频率标准不确定度已改进到 10^{-12} 量级。于是,第 13 届国际计量大会(1967 年 10 月)通过了原子时秒长的定义:"秒是铯 133 原子(^{133}Cs)基态的两个超精细能级之间跃迁所对应的辐射的 9192631770 个周期的持续的时间"。

原子时秒的定义标志着时间标准计量学史上一次重大变革的开端和取得的巨大成就。在定义原子秒时规定 1958 年 1 月 1 日 0 时世界时 UT 的瞬间作为原子时的时刻的历元,即在那一瞬间(AT−UT)1958.0=0。此后便由原子钟独立运行积累原子时。当时,尽管理论上可行,但操作起来技术上十分困难,当时 AT 并未调整到同 UT 完全一致,结果发现 AT 比 UT 差 0.0039s。这一差值只能作为历史事实被保留下来。现在我国建立原子时并参加国际原子时合作的单位有中国科学院国家授时中心(NTSC,原陕西天文台)、中国计量科学研究院、北京无线电计量测试研究所(BIRM)、台湾电信实验室(TL)和香港标准和校准实验室(SCL)等单位。其中,AT(NTSC)达到的水平是:频率准确度约为 5×10^{-13},频率稳定度优于 10^{-13};本地协调世界时与国际协调世界时之间偏差控制在 ± 50 ns 以内。

6. 国际原子时、协调世界时和闰秒

为了把各地方实验室的地方原子时的标准时间统一起来,获取一个具有权威性的,比任何一个地方原子时更加准确、稳定的时间基准,1971 年 10 月,国际计量大会决议要求国际计量委员会(CIPM)规定国际原子时定义。国际计量委员会第 59 次会议批准了国际原子时(International Atomic Time,简称 TAI)的定义:"国际原子时(TAI)是国际时间局(BIH)根据国际单位制系统时间单位秒的定义,以各研究所运行的原子钟的读数为根据而建立的时间参考坐标。"并于 1973 年开始工作。但国际原子时(TAI)不是实时原子时(又称纸面时间)。目前,全球 30 多个国家和地区的 60 多个实验室约 300 多台原子钟参加国际原子时的国际合作。近年来,国际原子时的不确定度和稳定度进入了 1×10^{-14} 量级;目前商品型铯束原子频标更好的铯喷泉钟、光抽运铯基准钟等已在法、美等国家先后研制成功(1×10^{-15})。美国研制的光频标不确定度据称已达 10^{-7},并向实用型进展。相信原子频标的不确定度还会不断提高和进步。

协调世界时(Coordinated Universal Time,简称 UTC)实际上是由原子钟产生的时间尺度(闰秒除外)。因为,在导航定位、天文大地测量和深空探测等领域,仍需要知道任一瞬间地球自转轴在空间的角位置,即世界时时刻。地球上的人类又离不开世界时。所以,必须在 UT 和 AT 之间寻找一种协调办法:既保持原子时尺度高度均匀、准确的优势,又能反映地球自转的变化。这就产生了协调世界时 UTC 和闰秒。

UTC 的发展分两个时期。第一时期为 1961—1971 年。UTC 以两种改正量为基础。这两种改正量都是依据需要由 BIH 经协调后发布的,其要点是:(1)对钟的基本频率实行调偏。调偏值至少一年中不变。(2)引进 0.1 秒的时间阶跃。规定需要时在每月的第一天 0^h,UT 可对钟进行时刻阶跃调整,阶跃值为 0.1 秒,以使 AT—UT 的差值不超过 0.1 秒。

国际无线电咨询委员会(CCIR)在1971年又确定了新的实施细则,规定从1972年1月0日 0^h UT起,采用新的UTC尺度。要点是:(1)相对于AT,UTC的基本速率不再调偏,即UTC的秒长与AT秒长一致。(2)当原子时与世界时的时刻差达到0.7秒时,可以对UTC时号发授时刻实施一个整秒的阶跃。阶跃的这一秒称为闰秒(地球自转速率变化是闰秒的机理)。凡增加一秒(即推迟一秒)称为正闰秒;减少一秒(即提前一秒)称为负闰秒。(3)规定实施闰秒时间在12月31日和6月30日UTC的最后一秒上进行。(4)以0.1秒的不确定度即时给出时号的(UTl-UTC)=DUTl的信息。(5)在1971年12月31日24h将UTC时刻阶跃0.10775800s,以使(从1972年初开始)UTC-AT=10s整。即UTC相对TAI只差整数秒。国际无线电协调委员会(CCIR)于1994年通过UTC修订方案:(1)UTC时刻与UTI的时刻保持在0.9s以内。(2)3月31日和9月30日最后一秒作为闰秒的候选日期。

从上述规定可知,世界时有两个特征:秒长与原子时秒长一样;时刻与UTI相差小于1秒。这样,既满足了对秒长频率高准确、稳定的需求,又兼顾了对世界时时刻误差小于1s的一般要求。根据国际规定,各地方实验室产生的协调世界时用UTC(K)表示,K为实验室缩写符号,并独立运行。UTC(K)需要由授时台发播提供给各应用部门使用。因此,各地方的UTC(K)必须有实时钟(一般最少有3台原子钟守时)。国际电联要求|UTC-UTC(K)|<0.1μs。这样,能保证世界各地的UTC(K)能提供同步不确定度小于0.1μs的授时服务。国家授时中心的本地协调世界时与UTC的偏差已控制在±50纳秒以内,即:

$$|UTC-UTC(NTSC)|<50ns \qquad (2\text{-}14)$$

UTC的闰秒实施日期由负责UTI的"围际地球自转服务(IERS)"决定,并提前至少8周公布。

二、现代时间基准的研究

1. 我国近代的授时和时间基准的研究

现代授时可追溯到19世纪末,主要特点是使用新技术和促进全球标准时间应用的统一化,授时的重要标志特征是1905年在美国实现无线电短波播时。中国约在20世纪初,在上海由法国天主教耶稣会建立的徐家汇天文台,并在1920年开始了呼号为FFZ的短波播时;曾参加了1926年、1933年两次国际经度联测,在当时居于世界先进行列。1924年,从德国人手中接管的青岛观象台,当时作为中国的代表参加了1926、1933年两次国际经度联测。新中国成立后,在1950年,中国科学院接管了法国人管理的徐家汇天文台,并将授时部分隶属于紫金山天文台管辖,更名为徐家汇观象台。中国的现代授时服务开始于1951年紫金山天文台所负责的徐家汇观象台的BPV授时台,误差约6ms。1959年"中国综合时号改正数系统"建立。1962年,徐家汇观象台和余山观象台合并,并由上海天文台为主,包括紫金山天文台、北京天文台(1961年)等单位组建我国独立的世界时定订及授时工作。1963年,我国的综合时号改正数的误差度已达(1~2)ms,进入国际先进行列。1960年,国家从战略需求考虑,同意在陕西筹建西北授时台(即陕西天文台)。1970年,短波授时台建成。并在同年12月,经周恩来总理批准,以BPM为呼号的短波授时台开始试播(ms量级)。1983年,大功率(BPL)长波授时台建成,1986年通过国家技术鉴定,达到了当时的国际先进水平(μs量级)。2001年经中央机构编制委员会批准,陕西天文台更名为中国科学院国家授时中心。它在高精度授时服务方面主要通过长波授时台(μs量级)、"北斗一号"时间标校和"长波二号"的时间同步控制系统实现较高准确度的时间统一系统;并开展了民用中、低准确度的授时服务,如 BPM 短波(ms)授时台、BPV 低频时码授时台、电话和网络等标准时间服务,全方位多层次,满足各种需求。上海天文台利用激光传递时间(24ps/100s 量级)研究已取得重要进展。其控制的以 XSG 为时号的授时服务仍继续发播。

我国的原子时时间频率基准装置的研制主要在中国计量科学研究院进行。该院 1981 年研制成功我国第一台实验室型铯原子束时间频率基准(不确定度为 8×10^{-13}),随后经过改进,提高到了 3×10^{-13}(1987 年)。2003 年研究成功冷原子铯喷泉频率基准钟,频率不确定度达 8.5×10^{-15},相当于走时三百五十万年不差一秒,标志着我国基准钟的研究水平已进入国际先进行列。1985 年以来,中国计量科学研究院通过中央电视台电视信号发布标准时间频率,同时开展电话、网络等多种授时手段的研究和服务。

时间基准研究的最新发展,还要提及毫秒(ms)脉冲星的研究。20 世纪末,对 ms 脉冲星的脉冲到达时间的测量的误差水平最好达$(0.1 \sim 0.2) \mu s$。对于 1 年以上的平均时间而言,AT-PTi(脉冲星时)的不稳定度优于 1×10^{-14} 水平。已有学者用其检验原子时的长期稳定度。对于观测时间跨度 T=10 年期间 AT-PTi 的稳定度可达 3×10^{-15}。双星脉冲星时间频率稳定度目前进展一般能优于 10^{-12} 水平。有研究表明对长期的双星 ms 脉冲星时间间隔测定的准确度达 10^{-15} 量级。这一领域的研究还在继续,并已引起科学家们对实验脉冲星时间标准研究的关注。

2. NIST 秒基准简介

美国的标准原子钟称为 NIST-F1(图 2-8),是美国最标准的时钟,也是世界上最精确的实用时钟,四亿年才会误差一秒。美国国家标准与技术研究所(NIST)的时间与频率部主任汤姆·奥布来恩说:"我们在时钟的研制方面基本上遵循摩尔定律,每 10 年就会提高一大等级"。但是 NIST-F1 原子钟体积较大,要占地 3.7 立方米,耗电功率达 500 瓦。

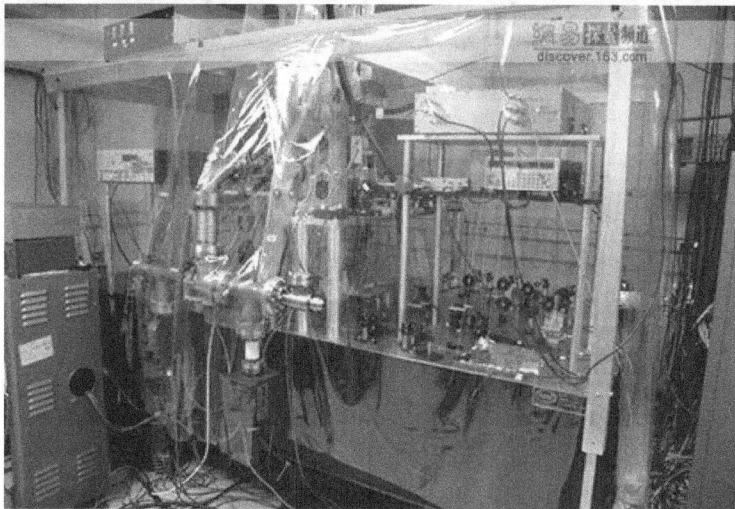

图 2-8　NIST-F1

根据量子物理学的基本原理,原子是按照不同电子排列顺序的能量差,也就是围绕在原子核周围不同电子层的能量差,来吸收或释放电磁能量的。这里电磁能量是不连续的。当原子从一个"能量态"跃迁至低的"能量态"时,它便会释放电磁波。这种电磁波特征频率是

不连续的,这也就是人们所说的共振频率。同一种原子的共振频率是一定的,例如,铯133
的共振频率为每秒9192631770周。因此铯原子便用作一种节拍器来保持高度精确的时间。

原子钟是目前人类最精确的时间测量仪器,主要是利用原子不受温度和压力影响的固
定频率振荡的原理制成,原子钟用在对时间要求特别精确的场合,比如全球定位系统
(GPS),以及互联网的同步都采用了原子钟。格林威治时间和北京时间的时间基准也都依
靠原子钟为标准。

光学频率测量集团的物理学家利奥·何尔伯格及其同事正在测试一种新的时间精确
度,是采用钙和镱这样的原子来测量。像NIST-F1一样,铯原子钟使用激光来给铯原子减
速,以达到测量状态,之后调整微波信号,使其接近铯的共振频率每秒9192631770个周期。
相对钙和镱原子,铯原子可以算是原子钟之父了。何尔伯格的研究小组要专门调整这些粒
子,由于采用微波来做太慢,于是科学家改用彩色激光来代替。每一个原子都有自己的光谱
特征,钙对红色产生共振作用,镱对紫色有共振作用。根据这一原理,科学家希望制造出更
加精确的汞离子钟,打造绝对稳定的时钟。

图 2-9　集中在钙原子上的红色激光

此外,科学家还在思考制作微型的原子钟,大小只有方糖大,可以用AA电池带动,奥布
来恩说,其最显而易见的应用是让GPS接收器更加精确,当然还有其它用途。

图2-11所示这个类似冰柜的NIST-7是1993年由NIST发明的铯元素原子钟,自
NIST-7问世以来,就成为美国的主要原子时间标准,也是世界的最好的时间频率标准之一。

第五节　电流单位——安培

一、电流计量的起源

电流和电阻的所谓"国际"电学单位,是1893年在芝加哥召开的国际电学大会上所引入
的。而"国际"安培和"国际"欧姆的定义,则是1908年伦敦国际代表会议所批准的。

虽然1933年在第8届国际计量大会期间已十分明确地一致要求采用所谓"绝对"单位

图 2-10　可精确到十亿分之一秒的芯片大的原子钟

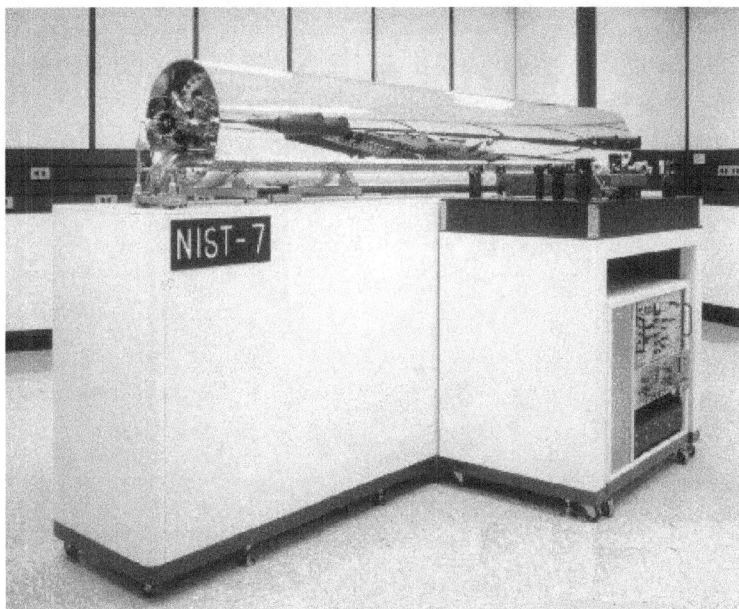

图 2-11　NIST-7

来代替这些"国际"单位,但是直到 1948 年第 9 届国际计量大会才正式决定废除这些"国际"单位,而采用下述电流强度单位的定义:在真空中相距 1 米的两无限长而圆截面可忽略的平行直导线内通过一恒定电流,若这恒定电流使得这两条导线之间每米长度上产生的力等于 2×10^{-7} N,则这个恒定电流的电流强度就是 1 安培(A)。1960 年第十一届国际计量大会上,安培被正式采用为国际单位制的基本单位之一。

安德烈·玛丽·安培(André-Marie Ampère,1775—1836),法国物理学家,在电磁作用方面的研究成就卓著,对数学和化学也有贡献。为了纪念安培在电学上的杰出贡献,电流的单位安培是以他的姓氏命名的。

安培在物理学方面的主要贡献是对电磁学中的基本原理有重要发现,如安培定律、安培定则和分子电流等。1820 年 7 月 11 日丹麦物理学家 H. C. 奥斯特发现了电流的磁效应。法国物理学界长期信奉库仑关于电、磁没有关系的信条,这个重大发现使他们受到极大的震动,以阿拉果、安培等为代表的法国物理学家迅速作出反应。8月末阿拉果在瑞士听到奥斯特成功的消息,立即赶回法国,9月11日就向法国科学院报告了奥斯特的实验细节。安培听了报告之后,第二天就重复了奥斯特的实验,并于9月18日向法国科学院报告了第一篇论文,提出了磁针转动方向和电流方向的关系服从右手定则,以后这个定则被命名为安培定则。9月25日安培向科学院报告了第二篇论文,提出了电流方向相同的两条平行载流导线互相吸引,电流方向相反的两条平行载流导线互相排斥。10月9日报告了第三篇论文,阐述了各种形状的曲线载流导线之间的相互作用。后来,安培又做了许多实验,并运用高度的数学技巧于1826年总结出电流元之间作用力的定律,描述两电流元之间的相互作用同两电流元的大小、间距以及相对取向之间的关系。后来人们把这个定律称为安培定律。12月4日安培向科学院报告了这个成果。安培并不满足于这些实验研究的成果。1821年1月,他提出了著名的分子电流的假设,认为每个分子的圆电流形成一个小磁体,这是形成物体宏观磁性的原因。安培还对比了静力学和动力学的名称,第一个把研究动电的理论称为“电动力学”,并于1822年出版了《电动力学的观察汇编》,1827年出版了《电动力学理论》。此外,安培还发现,电流在线圈中流动的时候表现出来的磁性和磁铁相似,创制出第一个螺线管,在这个基础上发明了探测和量度电流的电流计。

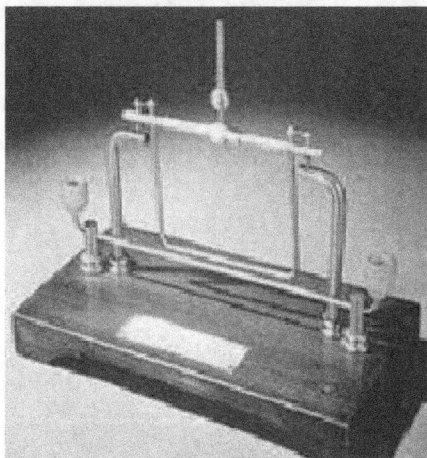

图 2-12 安培的实验装置

二、电流自然基准的研究进展

在国际单位制(SI)中,安培是电学量的基本单位,但安培的准确复现是非常困难的。这是因为,它的定义是指一种理想状态,在实际中无法实现。因此,1990年以前国际计量机构一般都没有复现安培,而复现的是其导出单位电压和电阻,然后通过欧姆定律得出安培。

用普朗克常数 h 和基本电荷量 e 这两个基本物理常数结合频率标准可以导出电压单位和电阻单位,采用这种新方法后电压单位和电阻单位的稳定性和复现准确度提高了2到3个数量级。实现了电压和电阻的基准后也可以从欧姆定律导出电流单位,但鉴于 SI 单位制中7个基本单位之一的是电流的单位安培,直接复现电流基准也一直是人们关注的问题。今后通过电子电荷量这一基本物理常数和频率量直接复现电流量子基准也将成为可能。

在安培的定义中,真空磁导率 $\mu_0 = 12.566370614 \times 10^{-7} NA^{-2}$,为精确值。1990年起,

用交流约瑟夫森效应和量子霍尔效应建立的电压和电阻工作基准,成为取代实物基准的电学量子基准。

约瑟夫森效应是弱耦合超导体的特性,当一个约瑟夫森结受一个频率 f 在 $10-100\text{GHz}$ 范围内电磁波的照射时,产生外部感应交流约瑟夫森效应。它的电流—电压曲线在精密量子化的约瑟夫森电压 U_J 处具有电流台阶,第 n 个阶跃的电压与频率 f_J 的关系为

$$U_J(n) = \frac{nf_J}{K_J} , \qquad (2-15)$$

式中约瑟夫森常量 $K_J = \frac{2e}{h}$。照射在约瑟夫森结上的电磁波频率 f 一旦被准确测定时,阶跃电压 $U_J(n)$ 也就被决定了。已有文献报道 K_J 的 u_{rel} 小于 4×10^{-8},但 CIPM 规定电压基准采用的约定值为 $K_{J-90} = (483597.9 \pm 0.2)\text{GHz/V}$。

带有附加霍尔电极的场效应晶体管在低温强磁场中,其产生的霍尔电压 U_H 随栅压增加出现一系列的台阶,根据霍尔电压与漏极电流的关系,相应的霍尔电阻为第 i 个台阶的霍尔电压 $U_H(i)$ 与电流的商,即

$$R_H(i) = \frac{U_H(i)}{I} = \frac{R_K}{i} , \qquad (2-16)$$

式中 i 是整数,R_K 是冯·克里青常量,$R_K = \frac{h}{e^2} = \frac{\mu_0 c}{2\alpha}$($\alpha$ 是精细结构常数)。2002 年国际推荐值 R_K 的 u_{rel} 为 3.3×10^{-9},2004 年中国计量科学研究院(NIM)的 u_{rel} l 达 2.4×10^{-10}($i = 1$),处于国际领先地位。但 CIPM 规定电阻工作基准采用的约定值为 $R_{K-90} = (25812.807 \pm 0.005)\Omega$。专家建议通过固定 e 值来定义电流:"安培是电流单位,相当于每秒中流过 $6.2415094683 \times 10^{18}$ 基本电荷"。如果 h 和 e 是准确已知,则约瑟夫森常量 $K_J = 2e/h$ 和冯·克里青常量 $R_K = h/e^2 = \mu_0 c/(2\alpha)$ 也是准确量,约瑟夫森效应和量子化霍尔效应被用来直接复现 SI 的 V 和 Ω,进而复现安培、瓦特和法拉第常量等。以两个效应和 K_{J-90} 和 K_{K-90} 约定值为基础的约定电学实用单位制将被 SI 自身所取代。如果按将来的定义,c_0, h, e 为精确值,精细结构常数 α 为导出数,其值与从电子反常磁矩 a_e 导出的 α 值相等,则 μ_0 也由实验来确定,2002 年 CO-DATA 推荐的 α 值的 $u_{rel} = 3.3 \times 10^{-9}$,预期在 1—2 年后可达 1×10^{-9},这样 μ_0, ε_0 的 u_{rel} 也将约为 1×10^{-9}。

直接实现电流量子基准的前景是单电子隧道效应(SET),通过计数电子来实现电流的量子定义。充有电荷 Q 的电容器 C 储能为

$$W = \frac{Q^2}{2C} \qquad (2-17)$$

当电容器的线度极小时,电容量 C 变得很小,电容器上的电量也变得很小,以至于电极上只有一个电子的电荷时,利用量子力学中电子穿透势垒的隧道效应,能使单个电子从一边流入而从另一边流出,形成单向电流。对单个电子计数,可以显著提高电学计量的准确度。

$$I = ef \qquad (2-18)$$

式中 e 为基本电荷,f 为电子进入电容器的频率。这样就可实现基于基本电荷这一基本物理常量以及频率量的电流量子基准。该方案现在也存在较大困难:1)电容器的电极要非常小,目前做成的电极的线度是几十纳米量级;2)电容器所处温度达到几 mK 低温时才能观察到明显的单电子隧道效应;3)线路寄生参数的影响使电子进入电容器的频率尚只有 MHz

量级,电流只有 pA 量级,而当前能精密测量的小电流至少需达到 μA 量级。有报道说,用新的微刻蚀技术已做出了更小的电极,并在室温下观察到了单电子隧道效应;另外,利用高频表面波也可把频率提高到 GHz 量级,相应的电流可扩大到 nA 量级。一些国家在此方面已投入了较大的力量进行研究,以求得到进一步的突破。

安培、伏特及欧姆是电子学的三大基本单位,后两者分别通过约瑟夫森电压和量子化霍尔电阻的测量而得,然而目前的安培测量技术却还延续着十九世纪使用的版本。这种宏观测量方法,由于受到导线几何形状的影响而限制了测量精度。如果单电子隧道效应建立的电流量子基准得以实现,根据欧姆定律,电流量子基准将与现有的电压、电阻量子基准形成互相依存、互相检验的三角关系,人们形象地称其为"量子三角形"。

物理学家希望能通过一次产生一个电子的极为精确的电流源来重新定义安培。虽然此前研究人员曾试图制作出这样的单电子晶体管(SET),但没有人能够成功,因为实践证明要检测到如此微小的电流极为困难。据报道,赫尔辛基理工大学皮科拉领导的芬美两国联合研究小组制作出的 SET 解决了这一难题。该 SET 器件包含一个联接 2 个隧道结的小导电岛。电子从一个结流入导电岛,从另一个结流出。每个隧道结包含一个非常薄的绝缘层,通过它电子能够实现量子机械穿隧。由于隧道结是如此的小,以至于电子间的排斥力阻止了一次有超过一个以上的电子穿隧情况的发生。

研究人员首先将此器件降温至 0.1K 以减少热噪声,然后在导电岛和隧道结间加上固定电压,在栅极加上振荡电压。借由栅极电压的振幅及平均值可精确决定每一振荡周期内穿隧通过的电子数。将此数目乘以栅极电压的频率及电子电荷量,就是通过器件的电流。由于振荡电压的幅值及频率可精确测量,电子电荷量则是固定值,于是就能精确地计算出通过的电流。皮科拉表示,将十几个上述元件并联可将电流大小增加到足以测量的 100 皮安,他相信 SET 可作为定义标准电流的电流源。

此外,20 世纪 90 年代发展起来的单电子输运器件也是有希望提供量子电流标准的一种器件,近年来很受重视。我国科学家在这一领域已取得了一定进展。

第六节　温度单位——开尔文

一、温度计量的起源

1. 温度计的早期研究

经过对热现象长达几千年的利用和观察,人类开始对其作理性的研究。热学是从对热现象的定量研究开始的,定量研究的第一个标志是测量物体的温度。

伽利略于 1593 年发明了温度计。一根像麦秸粗细的长玻璃管,其一端带有一个鸡蛋大小的玻璃泡,用手掌握住玻璃泡使它受热,排除管中的部分气体,然后将管的一端插入水中,待玻璃泡冷却后,水进入玻璃管中。由于空气的热胀冷缩,将使玻璃管中的水位发生变化,从而指示温度高低。

法国数学家勒雷雄 1624 年发表的《数学游戏》一书中首先使用了"thermometre(温度计)"一词,此后为各国所使用。

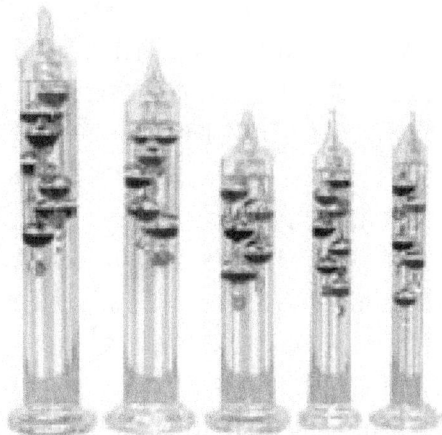

图 2-13　伽利略温度计

　　法国物理学家让·雷伊在 1632 年把伽利略温度计的玻璃泡倒过来,将水注入到玻璃泡以上,而空气在管中,这样水就成了测温度物质。大约在 1641 年,根据意大利托斯卡纳大公费迪南二世(Ferdinund II)的建议,制成了密封的酒精玻璃温度计,并把刻度附在玻璃管上。当时佛罗伦萨西门图学院为温度计选择了两个固定点:最冷时期冰冻的冰或雪的温度和奶牛或鹿的体温。人们称此为“佛罗伦萨温度计”,名声逐渐传开。英国化学家波义耳把它介绍到英国,它们又经波兰传到法国。

　　荷兰科学家惠更斯早在 1665 年提出用冰和沸水作温度固定点。波义耳在 1665 年发表的《热力学原理》论文中,已确信一切物体的熔点为常数。在 1693 年发表的论文中伽勒断定水的沸点温度不变的规律。1659 年布利奥第一次用水银作温度计的测温介质。

　　阿蒙顿改进了伽利略的温度计,并注意到气体的压差可以作为温度的量度。1702 年和 1703 年,《巴黎学报》中记载了阿蒙顿的温度计。温度计由 U 型管及短臂端连接的一恒定体积的玻璃泡组成。温度的读数由 U 型管中水银柱的高差表示。选择水沸点作为惟一的固定点。更重要的是他分析道:“看来,这个温度计的极冷点是处于空气弹力下的空气成为完全不受负荷的状态。这时,冷的程度比很冷的那个温度要冷得多。”这个温度就是绝对零度。这一时期,人们只是在探索,企图寻求科学方法测量温度,许多重要的测温方法确实提出来了,为以后的发展奠定了基础。

　　2.经验温标的建立

　　经过大量的实践,人们总结出为了准确地测量温度,必须具备三个条件:合适的测温物质;稳定的固定点;合理的分度方法。因此测温技术得以深入发展。

　　第一个脱颖而出的是德国科学家华伦海特。他通过一系列观测发现,每种液体都像水一样有一个固定的沸点,后来他也注意到沸点随大气压而变化。同时他发明了提纯水银的方法,因此,他于 1724 年用纯净的水银制作了精密水银温度计。更重要的是,他用结冰的盐水混合物和人体血液的温度作固定点,其间隔分为 96°,同年他使用了第三个固定点,冰水混合物(无盐)为 32°。在另一篇论文中,他谈到水的沸点为 212°,后来并没有证据表明他利用了水沸点作固定点。这套测温体系就是著名的华氏温标。我国著名的物理学家王竹溪说:华伦海特改良了水银温度计并定了华氏温标以后,热学才走上实验科学的道路。

法国的动物学家列奥默对华伦海特的工作并不知晓,又觉得阿蒙顿的温度计不能令人满意。他认为水银的膨胀系数小,而反对使用水银制作温度计。他致力于制造一个既方便又准确的酒精温度计。为此,他观测了几种液体混合物后,发现酒精(和 1/5 水混合)在水的结冰温度和沸腾温度间,1000 单位的体积膨胀到 1080 单位,因此把这两个温度间隔分为 80°。可是他的温度计并不准确。所以日内瓦的德吕斯恢复使用水银,立刻显示出它的优越性。这样建立起的温标为列氏温标。

瑞典的天文学家摄尔修斯在 1742 年以水沸点为 0°,冰点为 100°,建立起一个温标。这样一来,温度越高,数值越低,使用起来极为不便。8 年后,他的同事施勒默尔将摄尔修斯的标准颠倒过来,成为百分度温标,也称这个温标为摄氏温标。

18 世纪时,实际使用的温标数量大大增加,有人在 1740 年统计当时有 13 种温标,1779 年又有人统计为 19 种。现在仍在使用的温标只有前面提到的三种:1)华氏温标,英、美等国家流行;2)列氏温标,德国还在使用;3)摄氏温标,在法国和中国仍在使用。这些温标的测温物质、固定点和分度方法,都是任意选定的,一般称为经验温标。

3. 热量和温度

18 世纪中叶,测温技术的发展给热学研究带来了重大的影响。当时,对于温度计所测量的物理量是什么却含糊不清,通常认为测量的是热量。

1744 年,彼得堡科学院院士李赫曼向该学会作了题为《论有一定温度的液体混合时所得到的热量》的报告,他认为热量按体积(也有人认为按质量)均匀分配,体积和温度的乘积作为热量的定义,并引入了量热方程。

美国化学家布拉克为了检验李赫曼的观点,1756 年把 32°F 的冰和 172°F 同样重量的水混合,发现混合后的温度不是按李赫曼量热公式计算的 102°F,而仍为 32°F。因此布拉克断定:冰的融解,需要一些温度计不能察觉的热量。后来他又发现,水沸腾时也需要热量而温度不变。布拉克进一步发现许多物质的物态发生变化时,都有这种现象。因此布拉克提出了"潜热"的概念。

以后布拉克又作了许多这类实验,其试验报告在他死后的 1803 年才发表。文章包括潜热和比热两个部分。他写道:"150°的水银和 100°的热水混合后,温度成为 120°,而不是 125°。这样,水的温度升了 20°,而水银降低了 30°,但水得到的热量却等于水银失去的热量。"这是历史上首次将"热量"和"温度"两个概念清晰地区分开来,从而实现了热学的一大进步。然而这已经是 19 世纪了。人们长期对热和温度没有清楚的认识,这是因为热学的机理是非常复杂的,没有相当深刻的认识就不能正确地理解它们。

继而布拉克的学生伊尔文又引入了"热容量"这一概念。而伽托林 1784 年引入了"比热"的概念。化学家拉瓦锡和拉普拉斯合作,于 1787 年测定了物质的比热。傅里叶对热在固体中的传播作了研究,1822 年发表了《热的分析理论》,这是一部数学物理学历史上划时代的著作。

4. 气体定律和理想气体温标

18 世纪建立起的各种温标,它们的测温物质、制造仪器的材料、固定点的选择和分度方法各不相同,因而不免造成温度量值的混乱。而且它们定义的温度范围很窄不能满足需要,因此需要一个统一的标准,这个标准由气体温度计承担起来。

阿蒙顿的气体温度计虽然当时没有被采用,但它的优点是人所共知的,而且阿蒙顿的研究为后来气体性质的研究开辟了道路,使气体测温的理论根据更为坚实。

1662 年,波义耳发现了一定量气体系统当温度保持不变时,其压力与体积成反比的定律。1785 年查理又发现一定质量的气体,当它的体积不变时,它的压力和温度成正比。盖·吕萨克进一步研究,于 1802 年在他的论文中断言:"一般地说,有的气体在同样条件下,在相同的热时,以完全相同的比例膨胀。"这个定律亦称盖·吕萨克定律。

勒尼奥在进行仔细测量的工作中表现出惊人的毅力和技巧,在许多方面的测量数据都是第一流的。他证明了所有气体不具有相同的膨胀系数,除氢气外,它们都随初始压力的增加而增加,也就是除氢以外的所有气体,压力和体积的乘积随压力的增加而增加,而按照波义耳定律这个乘积应为常数。但是如果把压力外推到压力很小的范围时,各种气体的膨胀系数都是相同的,也就是满足波义耳定律和盖·吕萨克定律。通常定义满足波义耳定律和盖·吕萨克定律的气体为理想气体。这样当压力外推到低压力极限时,所有的气体都趋向于理想气体,那么用理想气体作为温度计将具有普遍的意义。由这样的理想气体建立的温标就是理想气体温标。它的优点是显而易见的,它不再有测温物质不同而造成的困惑,它的测温范围再大大扩大,气体温标给出了绝对零的概念。

5. 热力学第二定律和热力学温标

19 世纪蒸汽机在生产上起着越来越大的作用,但热变为机械运动的理论研究一直未形成,工程师们主要靠经验摸索改进机器。而第一个说明热机运行过程,建立热力学原理的是法国工程师卡诺(S. Carnot,1796—1832)。他于 1824 年发表了他惟一的一本著作《关于火的动力的考察》,书中提出了理想热机的理论,奠定了热力学理论基础。他证明了理想热机的热效率将是所有热机中热效应最高的,这就是著名的卡诺定理。他还导出了定理的推论:理想热机的热功关系与高、低温热源的温度之差成正比,而与循环过程中的工作物质和温度变化无关。

1830 年卡诺在笔记本中写道:"热不是别的东西,而是动力……准确地说它既不能产生,也不能消灭……"他还在手稿中计算了热功当量。然而 1832 年,他突然染上霍乱而英年早逝,他的遗物,包括他的笔记本和文稿按当时的要求全被烧毁。直到 1878 年他弟弟发现了余下的手稿和笔记,并予以发表。但是,他的功业并未引起人们的注意,只是法国另一位工程师克拉帕隆在此基础上的努力,才使学术界关注到热力学这一重大发展。

英国的物理学家威廉·汤姆森,从小是个神童,11 岁上大学,22 岁当了教授,后来被册封为开尔文勋爵。他在 24 岁时,把目光盯住了在他出生那一年发表的卡诺定理。他认为卡诺已经表明热机的热功关系只取决于热量和温度差,但温度差没有一个绝对的量度。所以开尔文根据查理定律,即温度每降低一度气体体积就缩小 1/273 认识到,在零下 273 摄氏度时的气体动能为 0,因而是真正的零温度,因此发表了论文《建立在热之动力的卡诺学说基础上和由此观测结果计算出来的一种绝对温标》,从而以理想热机的热功关系为基础,以零下 273 摄氏度为绝对零度的绝对温标诞生了。这就是后来被人们公认的热力学温标。

1849 年开尔文又发表了《关于卡诺学说的说明》,指出了卡诺的不足。1851 年,他在论文《论热的动力学理论》中,系统地阐述了经改进的热力学理论,第一次提出热力学第二定律:从单一热源取热量并使之变为有用功而不产生其他影响是不可能的。与此同时,德国物理学家克劳修斯于 1850 年发表《论热的动力与由此可以得出的热学理论的普遍规律》,对理想热机的理论进行了新的修正和发展。他引入了另一种形式的热力学第二定律的表述:热量不可能自动地从较冷的物体转移到较热的物体,为实现这个过程必须消耗功。

现在卡诺定理已被第二定律所证明,并给予它新的生命。因此开尔文建立的绝对温标是以热力学第二定律为依据的温标,是与测温物质无任何关系的温标,是个无界定范围的温标,因此是科学的温标。从此之后,任何温度测量都以这个温标为依据。

6. 温度的理论概念

(1)温度的热力学概念

定义温度的重要依据是热平衡原理:当两个系统分别与另一个系统都处于热平衡时,那么这两个系统也必定互为热平衡。一切互为热平衡的物体有相同的温度,所以温度是决定一系统是否与其他系统处于热平衡的性质。1909 年,希腊数学家卡拉西奥道里利用热平衡原理在数学上证明:任何热平衡系统都分别与一个系统处于热平衡,那么这些系统都有一个在数值上相等的状态参量,这个参量就是温度。这进一步说明温度是系统间是否处于热平衡的标志,它的特征在于,一切互为平衡的系统都具有相同的温度值。

热平衡原理不仅给出了温度的定义,还使我们能够比较两个物体的温度而无需让它们互相接触,那就是用另一个物体分别与它们接触就行了,这个另外的物体可以当作温度计。

1939 年物理学家福勒在他的《统计热力学》中,将热平衡原理归结为热力学的一个定律。由于第一、第二和第三定律已经确定,而这三个定律在确定中自然都应用了这个原理,所以将其称为热力学第零定律。

(2)温度的分子运动学概念

物质的原子学说来源于古希腊哲学家,稍晚一些的留基伯及德谟克里特认为物质是由极小的硬粒子组成。到 1658 年,伽狄森提出物质是由分子构成的假说。1678 年胡克提出了同样的主张,并认识到气体的压力是分子与容器壁碰撞的结果。1738 年伯努利发展了这一学说,导出了波义耳定律。1744 年—1748 年罗蒙诺索夫发展了伯努利的理论,明确提出热是分子运动的表现。在此后的一个世纪中,分子运动论得到飞速发展。赫拉帕司、瓦特斯顿、焦耳、克伦尼希都作了很多工作。而贡献最大的三人是克劳修斯、麦克斯韦和玻耳兹曼。

热力学第二定律的主要阐述者克劳修斯 1857 年发表《论我们称之为热的那种运动》,创造性地引入了统计概念来处理分子问题,把宏观的热现象与大量微观粒子运动的统计效应联系起来,第一个正确地证明了波义耳定律。1858 年,他的又一篇论文《关于气体分子的平均自由程》引入了分子的平均自由程概念,将分子运动论提高到定量研究的水平。

19 世纪伟大的物理学家、电磁理论的集成者麦克斯韦继续将概率统计法引入分子运动论中,1859 年发表了《气体运动论的阐明》,第一次提出分子的速度各不相同,用平均动能作为温度的标志。

奥地利物理学家玻耳兹曼在最初的速度分布率中引入了引力论,并给出熵的概念。特别是他首先给出气体分子运动论的有意义的结果,给热力学定律以微观的解释。

1870 年克劳修斯发表了维里定律,系统的维里计算得到一个状态方程,假如每个分子的平均动能正比于热力学温度的话,这个状态方程就与气体的经验状态方程等同。因此建立起温度分子运动学的概念:系统的绝对温度正比于系统中每个分子的平均动能。分子运动学的温度概念非常形象地给人们展示:温度表示物质分子运动的激烈程度,温度越高,运动越激烈。这种气体温度的统计意义,以后又扩展到固体和液体,并进一步把微观粒子的热运动与宏观参量温度联系了起来。

二、温度计量的发展

19 世纪中叶,随着技术的日益复杂化,世界商贸的迅速发展,人们认识到计量和测量单位有必要达成某种国际协议。1875 年国际"米制公约"应运而生。国际计量局(BIPM)初建时,由于所制的铂铱合金米原器需要配备两支由国际计量局分度的玻璃水银温度计,为此而要建立一个统一的温标,来分度这些温度计。查培斯研制了一台氢气体温度计建立氢温标,1887 年国际计量委员会(CIPM)采纳此温标作为国际计量学实用温标。它基于两固定点——冰点和汽点。这并不是真正意义的温标,只是为了米原器的需要而决定的。

这时许多国家建立的气体温度计产生的温度值互相间符合得并不好,所以 1899 年卡兰达尔建议建立一个统一的实用温标。他选用了内插仪器和固定点,但英国科学促进会未采纳此建议。1911 年,柏林的技术物理研究所给国际计量局、英国国家物理所和美国标准局发一封公函,建议采纳热力学温标为国际温标,可按 1899 年卡兰达尔的建议复现热力学温标。1913 年第五届国际计量大会对此建议予以鼓励,但由于第一次世界大战而使此事搁浅。

1.国际温标的建立

1923 年后,各方面几经讨论,终于准备了一份正式建议给 1927 年第七届国际计量大会,该届大会通过了这个温标,称 1927 年国际温标,这是人类历史上第一个国际温标。

国际温标制定的原则是:1)尽可能紧密靠近热力学温标;2)温标提供温度的方法比热力学温度测量要方便,更精密,具有更高的重复性。但随着计量技术的发展发现,国际温标需不断改进以更好地实现这个原则。所以每隔约 20 年都要制定一个新的温标代替旧的温标,改进的依据是根据热力学温度测量的结果。

2.热力学温度的单位

1854 年开尔文曾建议,以绝对零与单一固定点之间的间隔来定义热力学温度的单位,1948 年这个建议又提出来,并最终被采纳。所选的单一固定点是水三相点,因为水的三相点复现性更高。水的三相点准确地定为冰点以上 0.01K,但是分歧在于绝对零度是否应定为$-273.15℃$。此问题最终于 1954 年解决,温度单位开尔文(K)的新定义于 1960 年被第十一届国际计量大会采纳,即水的三相点热状态的 1/273.16 为一开尔文。

热力学温度单位的确定有重大意义。此前,测量温度只是确定被测的热状态在温标上的位置;而现在测量温度是确定被测的热态有多少个开尔文,从而实现了国际单位制对物理量的要求:量值=数字×单位,这表明温度这个物理量已经标准化、现代化了。

3.辐射测温技术的发展

(1)热辐射的研究发现

1800 年英国天文学家赫谢尔(Herschel)用分光棱镜将太阳光分解成七色光,并用水银温度计依次测量不同颜色光线的热效应时发现了一种奇异的现象。他发现在红光外侧确实存在一种人眼看不见的"热线",后称"红外线"。

研究表明,物质的热运动是产生红外线的根源,红外辐射的物理本质是热辐射,这种辐射的量主要由物体的温度和材料本身的性质决定。也就是说,温度这个物理量对热辐射现象起着决定性的作用。

(2)辐射温度测量的理论基础

1830 年出现了温差热电偶,由多个热电偶串联制成的热电堆,其灵敏度比最好的水银温度计高 40 倍,拓展了红外辐射的观察范围,提高了测量准确度,促进了红外辐射的研究。

1859 年克希霍夫(Kirchhoff)根据热平衡原理导出了关于热辐射的基本定律,克希霍夫还首先提出了"黑体"的概念,于 1860 年给出了黑体辐射源制作的理论原则。到 20 世纪 40 年代,高菲(Gouffe)建立了完整的空腔辐射理论,为黑体辐射源的应用和辐射温度测量技术的发展奠定了基础。

1880 年美国物理学家兰利(Langley)发明的测辐射热仪,灵敏度可达到十万分之一度,它比热电堆的灵敏度又提高了几十倍。人们利用获得的大量测量数据,逐步确定了红外(热)辐射的基本定律。

1884 年玻耳兹曼(Boltzmann)根据热力学和麦克斯韦电磁理论从理论上证明了斯忒藩(Stefan)依据实验测量数据于 1879 年得出的"由黑体辐射出的总能量与黑体的绝对温度的四次方成正比"的量化结论,建立了斯忒藩—玻耳兹曼辐射定律。即

$$M_b = \sigma T^4 \tag{2-19}$$

式中 σ——斯忒藩-玻耳兹曼常数。

1900 年德国物理学家普朗克(Plank)用量子理论准确地给出了黑体的辐射定律:

$$M(\lambda, T) = C_1 \lambda^{-5} / (e^{(C_2/\lambda T)} - 1) \tag{2-20}$$

式中:c_1 和 c_2 分别是第一第二辐射常数。普朗克公式表明了黑体的单色辐射通量与波长 λ,绝对温度 T 之间的关系。

普朗克公式描述了黑体辐射的普遍规律,其它黑体辐射定律可由它导出。

(3)辐射温度计

1917 年制造出了商用隐丝式光学高温计,它根据热物体的光谱辐射亮度随温度升高而增强的原理,采用目视观察被测物体与已被标定过的高温计小灯泡的亮度平衡实现对被测物体温度的测量。依据这种原理工作的辐射高温计至今在实验室和工业现场中仍有使用,不过现在大多数实验室使用的都是不用人眼平衡、测量准确度更高的光电高温计,工业现场大多使用红外测温仪。

目前比较常用的辐射温度测量仪器有:光学(电)高温计、比色温度计、光谱温度计、红外测温仪、红外扫描仪、热像仪等。

4. 国际温标

1872 年国际计量委员会决定采用摄氏温标,当时只用来精确测量米原器的线膨胀系数。1888 年国际计量局用定容气体温度计分度四支玻璃水银温度计,在 0℃～100℃ 范围内精度达到 ±0.005℃。因此,1889 年第一届国际计量大会上决定用定容氢气体温度计分度 0℃ 到 100℃ 范围内的热力学温标,它基于两个固定点——冰点和汽点。

在 1927 年第七届国际计量大会上通过一份正式建议,称为 1927 年国际温标,这是人类历史上第一个国际温标。温标实际上就是温度的数值表示法,1927 年国际温标以热力学百度温标为最基本的温标,定义的温度单位是一个标准大气压下冰的融化温度(0℃)和水的沸腾温度(100℃)之间间隔的 1/100,单位符号"℃"。定义的温度范围是 -190℃ 到 3000℃,它包括氧点、冰点、水沸点、硫沸点、银凝固点、金凝固点六个固定点,铂电阻温度计、热电偶、光学高温计三种内插仪器和四个内插公式,分成四个温区,每个温区有各自的复现方法,金凝固点以上根据维恩公式延伸。

1954 年国际计量大会(CGPM)决定,把水三相点的热力学温度(符号为 T)规定为 273.16K。1967 年国际计量大会又确定,把热力学温度的单位开尔文定义为:水三相点热力学温度的 1/273.16,符号为 K。

5.1990 年国际温标(ITS－90)

ITS－90 定义的温度范围为从 0.65K 向上到根据普朗克辐射定律使用单色辐射高温计实际可测得的最高温度,上限没有限制。温标采用了 17 个定义固定点仍分四个温区:

1)0.65K 到 5.0K 之间,ITS－90 由 3He 和 4He 的蒸汽压与温度的关系式来定义。

2)由 3.0K 到氖的三相点(24.5561K)之间,ITS－90 是使用三个定义固定点及规定的内插方法用氦气体温度计来定义。

3)平衡氢三相点(13.8033K)到银凝固点(961.78℃)之间,ITS－90 是使用一组定义固定点及规定的内插方法用铂电阻温度计来定义。

4)银凝固点(961.78℃)以上,ITS－90 借助于一个定义固定点和普朗克辐射定律来定义。

6.温标的固定点

在国际温标中选用的固定点都是根据物质的相变过程来实现的。在物质的相变过程中存在某一相对应的温度,固相与液相两相共存就叫凝固点(凝固时)或熔解点(熔解时)。在标准大气压下,液态和蒸汽共存叫沸点。在一个确定的压强和温度下固态、液态和汽态三相共存叫三相点。

水三相点(273.16K):水三相点就是水的三相(固、液、汽)共存的温度点。水三相点是国际温标中最基本的一个固定点(基准点),它的温度被定义为 273.16K(0.01℃),这个值是真值,没有误差,温标中的其他温度点的数值均以 273.16K 为基准点,它有非常高的复现性(优于±0.1mK)。

金属固定点:实验证明,金属的凝固温坪比熔解温坪要好,故国际温标一般都选用金属的凝固点来复现温标。分度标准铂电阻温度计时,为了达到最高的准确度,所用的金属样品的纯度都应为 99.9999％以上,不同金属的固定点的复现不确定度在零点几 mK 到数 mK 以内。

7.2000 年 0.9mK－1K 临时低温温标(PLTS—2000)

ITS－90 温标定义的温度下限是 0.65K,为满足更低温测量的需要,2000 年 CIPM 采纳 CCT 的建议公布临时低温温标 PLTS－2000(或 T_{2000})。这个温标的定义是基于 ^{3}He 的溶解压和溶解曲线上的固定点,它的温度定义范围是 0.9mK－1K。

8.高温金属－碳共晶固定点研究计划

当前温标研究领域中最引人注目的热点是高温金属－碳共晶固定点的研究。ITS－90 规定温标在银凝固点以上是根据普朗克定律定义外推的,银凝固点的不确定度就要随温度平方关系带入其他温度点。在温度较高时(2000℃以上)不确定度很大,因此迫切需要寻找复现性好的高温固定点。国际温度咨询委员会(CCT)在 1996 年 19 次会议提出建议寻找 2000℃以上复现性好于 0.1℃的固定点。

从 1999 年日本国家计量所 Yamada 的首次报告以来,世界上许多国家的温度计量实验室积极投入这项研究。目前从 1100℃到 3200℃温度范围内,各国实验室已进行过研究的金属(碳化物)－碳(M(C)－C)共晶固定点主要有:Fe(铁)－C(1153℃)、Co(钴)－C

(1324℃)、Ni(镍)—C(1329℃)、Pd(钯)—C(1492℃)、Rh(铑)—C(1657℃)、Pt(铂)—C(1738℃)、Ru(钌)—C(1953℃)、Ir(铱)—C(2290℃)、Re(铼)—C(2474℃)、Mo(钼)C—C(2583℃)、Ti(钛)C—C(2761℃)、Zr(锆)C—C(2882℃)、Hf(铪)C—C(3185℃)等。这些固定点的性能显示了它在计量学上具有的价值，从银点到3300K实现达到100mK重复性的目标是完全可能的。

由于这些固定点在计量学上所具有的巨大潜力，这项研究已经从一个有趣的研究课题变成一个国际合作研究计划。该项研究的主要目标就是选择一种国际上共同认可的新定义替代银点以上ITS—90国际温标的当前定义，它通过一组性能优良的高温固定点复现和传递热力学温度，这样做的优点是：比起当前定义有十分低的不确定度，在温标复现和传递中的不确定度比现行温标小5至10倍；温标比ITS—90更简单，实现起来更灵活，适用性更大，热力学温度可经过短的溯源链直接传递到用户；全世界大多数国家实验室能够实现新温标，不必承担建立绝对辐射测量设备的昂贵成本。

使金属(碳化物)—碳共晶固定点成为计量学主要工具的研究计划预计在2011年以前完成。2011年通过一个协议重新定义银点以上温标，正式允许通过金属(碳化物)—碳共晶点传递热力学温度。

第七节　物质的量的单位——摩尔

一、摩尔的起源

在定量研究化学反应时，推测和计算反应物和产物的分子数量非常麻烦，必须找到一个方便计量的单位。因此，法国化学家奥斯特瓦尔德在1900年提出了摩尔的概念，他最早定义摩尔时用克作为摩尔的单位，提出将物质的分子量以质量单位克表示。后来摩尔的概念得到了澄清，1摩尔分子的质量用克表示时，称为克分子。长期以来，克分子的概念较难以理解，因为1克分子可能被理解为1克物质中分子的数量，而且容易与质量单位混淆。1971年第14届国际计量大会通过摩尔作为物质的量的单位。

摩尔是物质的量的单位，符号为mol，是国际单位制中7个基本单位之一。摩尔是系统物质的量，该系统中所包含的基本微粒数与0.0728克碳—12的原子数目相等，使用摩尔时，基本微粒应予以指明，可以是原子、分子、离子及其它粒子，或这些粒子的特定组合体。

因为相对原子质量以^{12}C为标准，1摩尔的原子或分子的质量用克来表示时，在数值上刚好等于他们各自的原子量或分子量。例如，^{12}C的原子量为12，1摩尔的^{12}C原子的质量为12克，氢原子的原子量为1，1摩尔氢原子的质量为1克。

12克^{12}C中所含碳原子的数目以意大利化学家阿伏伽德罗命名，用符号N_A表示，非常接近于$6.022×10^{23}$，包含N_A个微粒的物质的量是1摩尔。N_A是物质的量与摩尔之间的换算常数。长期以来，人们还不知道1摩尔物质中微粒子的确切数量，但是并不妨碍这个单位的使用。阿伏加德罗数可用很多种方法进行测定，如电化当量法、布朗运动法、油滴法、X射线衍射法、黑体辐射法、光散射法等，这些方法的理论依据各不相同，但结果却几乎完全一样，这说明阿伏伽德罗数是不依赖于实验方法的物理常数，该数值因准确度提高而不断更新

（如表 2-3 所示）。

表 2-3　阿伏伽德罗常数的数值

时间	阿伏伽德罗常数的数值
20 世纪 50 年代	6.023×10^{23}
1986 年	$6.0221367(36) \times 10^{23}$
1998 年	$6.02214199(47) \times 10^{23}$
2002 年	$6.0221415(10) \times 10^{23}$
2006 年	$6.02214179(30) \times 10^{23}$

　　尽管摩尔是一个基本国际单位，但却和质量单位千克有着密切的关系。从定义上看，二者似乎可以互为导出单位，这样，在基本单位的设置上就会存在一些矛盾。理论上，可以从 1 千克纯物质中数出微观粒子的数量，就能算出多个微观粒子的质量。但是，这两个单位间存在一个不确定的因素，1 摩尔微观粒子的精确数量 N_A 是多少？根据摩尔的定义 N_A 是不确定的，它的数法受制于质量单位千克的不确定度。显然，原有定义已不能满足精确测量的要求。因此，2005 年国际计量委员会（CIPM）提出了重新定义包括摩尔和千克在内的 4 个 SI 基本单位的建议，以便将 SI 单位直接定义在基本物理常数上。

　　该建议中建议在新定义中，摩尔为一系统物质的量，该系统中所包含的基本微粒数为 N_A，N_A 精确等于 $6.0221415 \times 10^{23} \, mol^{-1}$。简单地说，摩尔就是在数量上精确包含 6.0221415×10^{23} 个基本微粒的一系统物质的量。

　　摩尔的新定义与现有定义并不矛盾，只是 1 摩尔 ^{12}C 原子的质量已不再精确等于 12 克了，随着测量不确定度水平的提高，1 摩尔 ^{12}C 原子的质量可能稍偏离 12 克，但误差非常小，对常规应用完全可以忽略。其深层次的意义在于：摩尔的定义可以不依赖于千克而独立存在，更加明确且易于理解，从而成为一个与质量单位无关的基本单位。新定义若能在 2011 年第 24 届国际计量大会上通过，将对各领域的精确测量产生深远的影响。

二、摩尔复现的原理及发展趋势

　　摩尔复现的关键是测量阿伏伽德罗常数。根据定义，包含一个阿伏伽德罗常量的 ^{12}C 原子重量严格地等于 12，由此可见应该用 ^{12}C 复现摩尔。由于实践上的困难，到目前还没有人采用过 ^{12}C 复现摩尔。19 世纪曾经有人通过观察布朗运动估算阿伏伽德罗常数，到了 20 世纪初，科学家采用油滴实验改进了测量阿伏伽德罗常数的准确度。随着科学技术的发展，到了 20 世纪后半叶，科学家采用 X 射线衍射技术测量金属或盐的晶格间距，如测量金属钛的晶格参数来计算阿伏伽德罗常数。

　　到 20 世纪末，随着单晶硅制备技术的日趋完善和 X 射线及光干涉测量等技术的发展，科学家通过单晶硅测量阿伏伽德罗常数，因为阿伏伽德罗常数是摩尔质量与原子质量的比值。对于晶体而言原子体积可以从晶格常数和晶胞原子个数获得，而原子质量是体积和密度的乘积。

$$N_A = (M/\rho)(V_0/n) \tag{2-21}$$

式中 ρ 为单晶的密度，由其质量 m（采用现定义测得）和体积 V 计算得来。

$$N_A = 摩尔体积/原子体积 \tag{2-22}$$

式（2−22）可以转化为：

$$N_A = \frac{Ar(Si)n}{\rho \alpha_0^3}$$
(2-23)

式中 n 为单晶胞中硅原子数目, $n=8$; α_0 为晶格常数。

可见,通过准确测定硅的相对原子质量 $Ar(Si)$、单晶硅的密度 ρ 和晶格常数 α_0,可采用式(2-22)计算每摩尔硅中所包含的硅原子数目 N_A,即阿伏伽德罗常数。

采用该方案测定阿伏伽德罗常数 N_A,测量的相对不确定度有望在五年内提高到 1×10^{-8},也即与"千克"现定义的不确定度相当。

美国国家标准技术研究院(NIST)在20世纪70年代中期,率先开展复现摩尔的研究工作。随后,其他国家的计量院,如德国联邦物理技术研究院(PTB)、欧共体的核测量联合研究中心(CBNM)、意大利计量院(IMGC)、日本计量研究院(NMIJ)、澳大利亚国家测量实验室(NML)等在摩尔的复现方面进行了合作研究。尤其是PTB,他们发现NIST早期的工作存在明显的错误。然而到了20世纪70年代末,甚至90年代初,摩尔复现的准确度仍然很低。为此,BIPM的主席Dr. T. J. Quinn在1994年发起成立了阿伏伽德罗常数国际工作组,现设在质量咨询委员会(CCM),主席是NIST的Peter Becket。工作组旨在研究目前状况,对今后测量技术提出建议。工作组认为:一个更加准确的阿伏伽德罗常数 N_A 将是基本常数表中关键的输入量。目前,通过测定单晶硅的物理和化学性质测量该常数的努力,极大地依赖于长度、质量和物质的量等基准,由此对计量界多个领域提出了挑战。

一个致力于提高阿伏伽德罗常数测量准确度的国际合作研究网络已全面开始,为了提高合作水平,一些CCM成员实验室最近提出成立阿伏伽德罗常数测量工作组,以利于从事该项工作的国家计量院或其他实验室间的信息交流,帮助各实验室制定研究规划。该建议在2001年的BIPM第83届会议上进行了讨论,认为有必要在CCM建立该工作组。理由是:

1)新的阿伏伽德罗常数测定需要对关键物质——硅的性质的深入理论理解和准确测量,例如,晶格间距、密度、摩尔质量等。这些都是在不同实验室进行的独立研究领域。通过定期的信息交流或其他合作方式,有助于提高研究效率。

2)这些关键领域的能力大多集中在各国计量院,在CCM建立该工作组,进一步强调了这项工作是需要各国计量界共同关心和努力的。

3)准确的阿伏伽德罗常数测量,微观和宏观物质的转换,最终将会挑战现有质量基准稳定性的改进极限,这可能有助于重新定义"千克"的长期规划。

现已参加该工作组的有NIST、CSIRO、IMGC、NMIJ、BIPM、IRMM等机构。

三、阿伏伽德罗常数测量技术的关键及现有水平

准确测量阿伏伽德罗常数的技术关键很多,主要有以下几个方面:

1. 制备完美无缺的单晶硅

之所以选取硅复现摩尔,测量阿伏伽德罗常数,主要是因为硅具有理想的晶体结构,晶体稳定性好,易于使用,容易形成大的单晶,并可获得极高的纯度,近乎"完美无缺"。目前大多采用悬浮区法(Float Zone)制备高纯单晶硅。制备的时候通入极小量的氮以减少晶体缺陷,但通入量必须足够小,才能不至于影响摩尔质量。但在实际研究中,即使采取很多的措施,晶体内部及表面仍然不够完善,如表面形成氧化物或吸附水分子、内部存在孔穴等。德

国 WACHER 公司为"阿伏伽德罗计划"提供了高纯硅原料。

2.制造高圆度的硅球体

采用人工抛光的方法将单晶硅加工成高精度的 1kg 的球体,直径一般在 93.6mm。为了使体积测量不确定度达到 $1×10^{-8}$,其圆度必须达到 60nm,也就是说一个原子的尺寸。圆度与晶轴方向密切相关。选取具有最佳机械性能的硅球,即没有任何微小边角的球体用于测量体积。体积是通过测定球体平均直径和圆度计算得到的。澳大利亚的 CSIRO 是制造和测量高精度硅球方面的领头实验室,已经为阿伏加德罗常数测量提供了多个硅球体,其密度误差小于 $2×10^{-8}$(2000 年),圆度达 50nm。

3.准确测量硅球体的直径

球体的直径采用光干涉测量法。独立测量球体许多个直径,从而求得平均直径,计算出硅球体积。

4.测定晶格常数

晶格常数测量的高要求需要特殊的设备和方法,需采用稳定激光高精度基准光干涉法。晶格常数的测量对许多参数都很敏感,尤其是温度和压力。温度发生 2mK 的变化,足以使硅的膨胀超出允许的不确定度范围。空气折射率对周围空气压力很敏感,应该在控制的条件下进行测量。[220]晶间距采用 X 射线干涉测量法测定,通过该数值可以给出单晶胞的体积,这些晶面间隔大约在 0.192nm,其测量相对不确定度小于 $3×10^{-12}$。

5.准确测量密度

由于硅球表面可能的玷污,应当对测得的密度进行校正。硅球表面常吸附痕量的水、二氧化碳等,形成少量的氧化物和无定形硅。氧化物的密度小于硅的密度。而且,当用光干涉测量直径时,表面许多硅原子被氧化物替换。比较理想的应是保证氧化物厚度均匀、稳定、有固定的组成并且很薄。如果无法满足此条件,则应当进行一些处理。一系列辅助的技术可用于全面检测和监测天然二氧化硅的稳定性,例如:X 射线荧光光谱仪(XPS)、RBS、TEM、AFM 等。最终,需对氧化物的厚度进行测定,其不确定度小于 0.3nm。科学家们将研究采用化学技术除去表面的氧化物和无定形硅,促使生成的氧化物层极薄。

6.测量硅球体中的孔穴

由于硅单晶不可能真正"完美无缺",晶格中不可避免存在有微量的孔穴,这些孔穴将影响阿伏伽德罗常数的准确测量,因此必须测定出这些孔穴的体积。一种满意的、可靠的方法是比较单晶硅球体孔穴添满前后的密度,通常用铜添满孔穴,因为铜能够在硅球体中快速扩散而溶解度又很低。然而由于处理的方法不同,铜在孔穴中以硅化铜、原子铜或单层存在,所以,首先需要通过分析铜的淀出作用,找到填补孔穴的技术方案。一旦铜在晶体中的存在形式确定,硅单晶中铜的质量可以准确测得,则单晶硅中的孔穴体积就可以计算出来。

7.准确测量摩尔质量

IUPAC 的标准原子量表说明,硅是为数不多的几个同位素丰度随区域变化很小的元素之一,这也是选取用硅测量阿伏伽德罗常数的原因之一。测量同位素丰度有质谱法(IDMS)、X 射线——晶体密度法(XRCD)等方法。一般采用高精度同位素稀释质谱法测定,已知 ^{28}Si、^{29}Si、^{30}Si 的摩尔质量,天然硅的摩尔质量的测量依赖于同位素丰度的测量,其测量不确定度小于 $1×10^{-8}$。NIST、IRMM、PTB、IMGC、NMIJ 在提高阿伏伽德罗常数测量准确度方面至少已经合作研究 15 年,在单晶硅的同位素组成、摩尔质量、密度、晶格常数等方面的合作给出了极小的同位素丰度比的测量不确定度。我国国家标准物质研究中心在同位素稀释质谱法测量原子量的研究方面也取得了一定的成就。锑(Sb)、铕(Eu)、铈(Ce)、铒(Er)等六个原子量的测量数据已被 IUPAC 认可,并列入最新发布的元素周期表中。

8. 严格控制环境,进行必要校正

由于硅单晶表面的氧化和吸附作用,表面形成了 SiO 和 SiO$_2$ 的氧化物混合物,典型的厚度是在(3～4)nm 左右。此外表面也可能吸附单层水分子,由于许多吸附的水分子在真空中可被除去,如果有条件可以在真空中测定,这样也可消除空气浮力的影响。这种情况下硅球表面沾污物的脱附质量损失可以定量测定。由于空气和真空的模式不同,进一步的校准仍然需要。如果在空气中称量,则需进行空气浮力修正,而该修正的不确定度相对很大,目前实验尚未研究确定污染物吸附或脱附对测量的影响。因此,为了确保硅球的稳定性和表面状况等,必须严格控制环境条件。

当前制约阿伏加德罗常数测量不确定度提高的主要因素是:样品间的同位素丰度变化 M(Si)、晶体的杂质和孔穴(n)、高准确度密度基准的复现(m,V)等。这些问题的解决,需要广泛的国际合作才有可能。

总之,由于阿伏伽德罗常数是重要的基本物理常数之一,其测量随着科学技术的发展,需要不断的完善,是一项长期的研究工作。我国也在逐步重视计量的基础研究工作,国家质检总局曾专门组织有关专家,就摩尔的复现研究进行了讨论,并责成中国计量科学研究院和国家标准物质研究中心写出报告,提出调研方案,为开展摩尔复现研究做准备。

第八节　发光强度单位——坎德拉

坎德拉(Candela)是发光强度的单位,为国际单位制的一个基本单位,符号"cd"。发光强度是描述光源在某一个方向上发出可见光强弱的程度,它的单位最早叫"烛光"(candle),从烛光到坎德拉,无论是单位的定义或是复现技术,都曾经历了漫长的演变过程。

一、烛光的诞生与演变

人类很早就开始了光学现象的观察和研究,在天文观测中还曾经根据目视感觉的明亮程度将可以看见的星分成若干等。然而对光进行定量测量还是 15 世纪以后的事。为了比较两个天体的亮度或光源产生的照度,先后出现过多种类型的目视光度计。18 世纪后半叶,西欧一些国家开始了工业革命时代,并大力开拓海外市场,商品需求急剧增加。因而要求扩展工作日,增开夜班生产。为此必须解决人工照明而促进了照明技术的发展。

在照明工程中,需要定量测量光源和光照明场地的光度参数。当时的光度计多以蜡烛作为参照光源,很自然就以蜡烛作为光度测量的原级标准即光度基准。于是一些国家建立了自己的"标准烛",规定蜡烛火焰在水平方向的发光强度作为发光强度的单位叫做"烛光"(candle)。1881 年国际电工技术委员会批准烛光为国际标准,将烛光定义为:1 磅鲸脑油制成 6 支蜡烛,蜡烛以每小时 120 格令(1 格令约等于 0.0648 克)的速度燃烧时,在火焰水平方向的发光强度为 1 烛光。这标志着近代光度计量的开端。

用蜡烛作为原级标准,不仅稳定性差,而且复现性也不好,不能满足当时光度测量的要求。19 世纪初出现了使用菜子油作为燃料的卡索尔(carcel)灯,并用来代替蜡烛复现光强单位,其发光强度约为 10 烛光。1884 年亥夫纳(Hefner)设计了用醋酸戊脂做燃料的亥夫纳灯作为德国和一些欧洲国家的官方标准。1898 年英国用戊烷灯代替蜡烛作为官方标准。

二、铂凝固点黑体基准的确立

用上述几种火焰光源灯代替蜡烛作原级标准,尽管规定了严格的工作条件,但仍受到诸多因素的影响,稳定性和复现性均不理想,无法满足精密光度测量的要求。随着科学技术的进步,人们对物质的热辐射特性有了更多的了解,先后提出了几种新的光度标准,最重要的是 1879 年维奥列(Violle)建议用处于凝固过程的 1 平方厘米纯铂表面的发光强度作为标准。这是白炽光度标准的先声,较之火焰标准有了科学依据,使光度原级标准进入了一个新的发展阶段。1889 年国际电工委员会采用维奥列标准,用它的发光强度的 1/20 作为发光强度的单位,叫做"小数烛光"。法国用小数烛光作为发光强度的法定单位,它的量值与英国和美国的烛光很接近。1909 年,英、美、法三国协议用一组 45 支碳丝白炽电灯来保存它们的平均单位。在 1921 年的国际照明委员会(CIE)大会上,比利时、意大利等一些欧洲国家参加了英、美、法的协议,并把碳丝白炽电灯保存的单位叫做国际烛光,符号为"ic"。而德国和另一些欧洲国家仍然采用亥夫纳灯复现的烛光,符号为"HK",两种烛光的关系是:

$$1HK = 0.9 \ ic \tag{2-24}$$

碳丝白炽灯虽然有良好的稳定性,但不具有可复现性,因而不能作为原级标准。维奥列标准虽然有科学依据,由于技术不完善,重复性差,也不宜作为原级标准。1900 年普朗克(Planck)解决了黑体辐射的光谱功率分布的数学表达式问题,这在物理学上是一件具有划时代意义的大事,同时也为即将诞生的新光度基准提供了理论基础。1908 年韦得勒(Waidner)和布吉斯(Burgss)提出用处于铂凝固点的黑体作为光度原级标准。美国 NBS 首先根据这个建议建成了铂凝固点温度黑体光度基准装置(图 2-13)。随后,法国 Strasssbourg 大学和英国的 NPL 也建成了同样的装置。它们依据国际烛光测量铂凝固点黑体亮度的平均值为 $58.9ic/cm^2$。1937 年国际计量委员会(CIPM)下属新成立的光度咨询委员会(CCP)第一次会议据此做出了决定:从 1940 年 1 月 1 日起,发光强度的单位将这样得出,处于铂凝固温度黑体的亮度等于 60 发光强度单位每平方厘米。这个单位叫做"新烛光(new candle)。"这样,新烛光这个单位就比原来的国际烛光要小约 1.9%。这是因为当时在实际工作中所使用的较高色温 2360K 和 2800K 发光强度标准的单位也比碳丝白炽灯保持的国际烛光小。将铂凝固温度黑体的亮度定为 60 发光强度单位每平方厘米,就使新烛光与实际使用的光强单位接近,而免使量值发生明显变化。还未等到实行新烛光,就爆发了第二次世界大战。CCP 的决定一直拖到战后 1948 年 1 月 1 日才得以实行。至此,全世界才有了统一的发光强度单位。在 1948 年晚些时候,国际照明委员会采用拉丁文"candela"来代替"new candle"(新烛光),中文音译为"坎德拉",符号为"cd"。同年,国际计量委员会批准了这一名称。1948 年的国际计量大会对坎德拉的定义做出决议:"坎德拉为发光强度的单位,它的大小是这样确定的,处在铂凝固温度的全辐射体的亮度是 60 坎德拉每平方厘米"。

上述坎德拉的定义还不够严谨,表述也有缺陷。因此,1967 年第 13 届国际计量大会决定将坎德拉的定义改述为:"坎德拉是在 101 325 帕的压力下,处于铂凝固温度黑体 1/600000 平方米表面在垂直方向上的发光强度。"

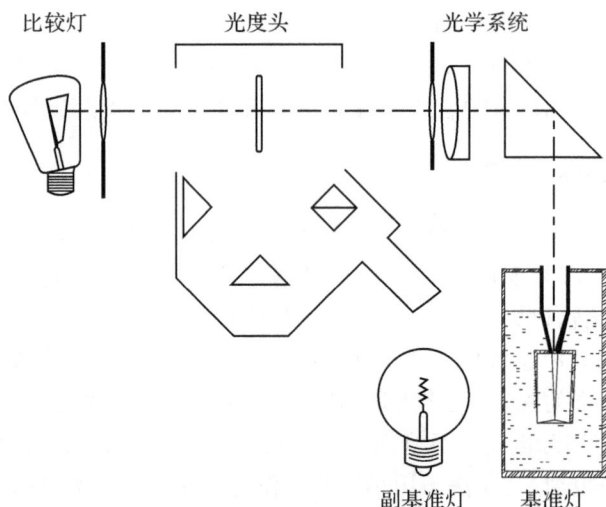

图 2-14 铂凝固点黑体光度基准原理图

三、依据 Km 值重新定义坎德拉

除了美、英、法三国之外,先后还有苏联、日本、德意志联邦共和国、德意志民主共和国、加拿大和中国建立了铂凝固点黑体基准。为了求得光度单位的统一,在光度咨询委员会(1971 年 9 月第七次会议上,更名为"光度和辐射度咨询委员会",简称为"CCPR")主持下,国际计量局从 1948 年至 1969 年一共组织了五次光度标准的国际比对。比对结果比预想的差,各国之间光强单位的最大偏差达 2%。虽然作了不少改进工作,但收效甚微。另一方面,铂凝固温度的值受到国际实用温标变化的影响,因而对铂凝固点黑体的辐射特性的描述也是不确定的,这使得光度量和辐射量之间没有固定的关系。这在理论上和实际应用上都造成很大困难。

上世纪 60 年代初,辐射的绝对测量技术趋于成熟。1962 年的 CCP 会议提出建议,用固定单色辐射光视效能的办法来确定光度量的单位。为此,建议各国测定明视觉最大光谱光视效能值,即 Km 值。CCPR 根据各国的测量结果建议:对明视觉、中间视觉和暗视觉,频率为 540×10^{12} Hz(相应波长为 555nm)的单色辐射的光视效能值采用 683lm/W,并提出重新定义坎德拉的建议。1979 年第 16 届国际计量大会采纳了 CCPR 的建议,对坎德拉的定义作出决议。坎德拉是发出频率为 540×10^{12} Hz 辐射的光源在给定方向的发光强度,该光源在此方向的辐射强度为(1/683)W/sr。这是一个开放性的定义,它没有对复现坎德拉的方式和方法作任何规定,也不会受到其它因素的影响,有利于复现技术的发展,顺应了计量基准的发展趋势和规律。

重新定义坎德拉后,先后有 15 个国家用不同的方式复现。图 2-15 为一种按新定义复现坎德拉的装置。在 1985 年和 1997 年组织了两次国际比对,各国之间的一致性有明显改善。我国的光强单位对国际平均单位的偏差小于 0.2%,是最接近平均单位的国家之一。

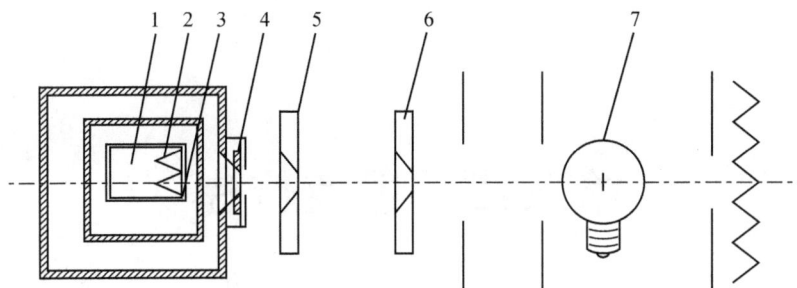

1—绝对辐射计　2—补偿探测元件　3—光阑　4—V(λ)滤光器
5,6—通水挡屏　7—副基准灯
图 2-15　按新定义复现坎德拉的装置

复习思考题

1. 什么是国际单位制？其组成是怎样的？
2. 国际单位制中的基本单位有哪些？分别是怎样定义的？
3. "世界计量日"是哪一天？它是怎么来的？
4. 与建立量子基准有关的基本物理常数有哪几个？
5. 简述米制的产生过程及其发展。
6. 质量自然基准的研究有何意义？
7. 现代时间基准的研究最新进展有哪些？
8. 简述电流自然基准的最新研究进展。
9. 温度与热量的区分对于温度计量有什么重要意义？
10. 热力学温标与传统的温标有何不同？
11. 什么是阿伏伽德罗常数？对它的研究有什么重要意义？
12. 测量阿伏伽德罗常数的技术关键是什么？现有水平怎样？
13. 简述发光强度单位的产生过程及其最新进展。

第三章　量值传递

第一节　量值传递的基本概念

一、量值

一个量在被观测时,表征其真实大小的量值,称为该量的真值。量的真值是个理想概念,一般不可能准确知道,因为不可能得到没有误差的计量器具,也不可能创造完全理想的测量条件。所以,人们实际所从事的计量都是"不完善"的,计量结果中都不可避免地包含有误差。严格地说,任何计量,只有当知道它的计量误差或误差范围时,其计量结果才具有使用价值。各种计量的目的不同,所要求的计量准确度也不一样。当计量误差满足规定的准确度要求时,则可认为计量结果所得量值接近于真值,并可用来代替真值使用。这个满足规定准确度要求,并用来代替真值使用的量值,称为"实际值"。

在计量检定工作中,通常将高一级(根据准确度高低所划分的等级)的计量标准复现的量值作为实际值,用它来校准有关量的其它等级的计量标准或工作计量器具,或为其定值。在一国范围内,具有最高准确度的计量标准,就是国家计量基准。国家计量基准具有保存、复现和传递计量单位量值三种功能,是统一全国量值的最高依据。

二、量值传递

在JJF1001—1998《通用计量术语及定义》中,对"量值传递"的定义是:"通过对计量器具的检定或校准,将国家基准所复现的计量单位量值通过各等级计量标准传递到工作计量器具,以保证对被测对象量值的准确和一致。"量值传递通常是通过检定来实现的。

三、量值传递的必要性

国际〔计量〕基准是世界各国测量单位量值定值的最初依据,也是溯源的最终终点。国际〔计量〕基准是指经国际协议承认的测量标准,在国际上作为对有关量的其他测量标准定值的依据。它们必须经国际协议承认,并在国际范围内,具有最高计量学特性。

经国际协议承认的主要途径是经国际米制公约组织下设的国际计量委员会(CIPM)和国际计量局(BIPM)两个机构,它们研究、建立、组织和监督国际测量标准的工作。"米制公约"是在1875年由俄、法、德、美、意等17个国家在巴黎签署的,目前有48个成员国。其最高权力机构是国际计量大会,BIPM 是其执行机构,是一个常设的世界计量科学研究中心,它的主要任务是保证世界范围内测量的统一,具体负责建立主要测量单位的标准,保存国际原器,组织国家标准与国际标准的比对,协调有关基本物理常数的测量工作及有关测量技术。

从原则上来说,所有的测量都必须能够溯源到国际基准,也就是说,所有的测量器具都必须通过一个溯源链与国际基准联系起来。国际〔计量〕基准首先传递到世界各国的国家基准,然后再通过各等级计量标准传递到工作计量器具,这样就形成了一套完整的量值传递体系。

任何一种计量器具,在运输、使用、甚至放置过程中,由于种种原因,都可能使其性能发生一些变化,在不清楚这些变化导致的误差大小的情况下,用这样的计量器具进行测量所产生的测量结果则是非常不可靠的,有可能带来严重后果。另外,对新制造的计量器具,由于设计、加工、装配和元件质量等各种原因引起的误差是否在允许范围内,也必须用适当等级的计量标准来检定,从而判断其是否合格。即使是经检定合格的计量器具,经过一段时间使用后,由于环境影响或使用不当、维护不良、部件内质量变化等会引起计量器具的计量特性发生变化。由此可见,定期按规定等级的计量标准对计量器具进行检定是非常必要的。只有这样,才有可能保证量值的准确、统一。

四、量值传递的途径

量值传递由国家法制计量部门以及其他法定授权的计量组织或实验室执行。各国除设置本国执行量值传递任务的最高法制计量机构外,可根据本国的具体情况设置若干地区或部门的计量机构,以及经国家批准的实验室,负责一定范围内的量值传递工作。

量值传递实行的路径是从国家计量基准传递到各级社会公用计量标准,最后传递到企业或用户的工作计量器具。各级计量标准均要接受建标、设备、人员考核以及定期检定等监督管理。

以前我国对量值传递与量值溯源不加区分,概念上也有混乱之处。为了与国际惯例接轨,适应市场全球化的现状,本书对量值传递与量值溯源进行了区分,以有助于我国计量事业的发展。需要说明的是,在实际操作中量值传递与量值溯源虽然有很多不同,但也有许多相似之处,因此,有许多方法是相同的、有许多内容是互相渗透的。

应该指出,我国现行的量值传递系统存在着测量不确定度损失增大、量值传递成本增高、量传周期长、资源浪费严重等问题。这些都与高效、便捷、节约、有效的市场经济原则有较大差距。因此,若欲解决这些问题,就必须再建设量值溯源体系。因此,近年来量值溯源越来越受到重视,与量值传递互为补充,有效地保证了我国量值的准确、统一。

第二节　我国的量值传递体系

一、我国的量值传递体系结构

量值传递体系是国家计量体系中最重要的部分。在计划经济时代,量值传递体系是我国计量体系的主体。我国的量值传递体系是国家根据经济合理、分工协作的原则,以城市为中心,就地就近组织起来的量值传递网络。其目的是为了保证我国量值的准确、统一。

1.量值传递体系的构成

量值传递体系大致由三部分内容构成:

1)从能复现单位量值的国家基准开始,通过各级(省、市、县、区)计量标准器具逐级传递,最后传递给工作计量器具,这就是平时说的量值传递。为了达到量值传递时测量不确定度损失小、可靠性高和便于操作的要求,量值传递时应按国家计量检定系统(表)的规定逐级进行(特殊情况经上级同意方可越级传递);

2)国家基准由国务院计量行政部门负责建立。各级法定计量机构的计量标准受同级政府计量行政部门的区域管理,为了使各级计量标准具有法律性,要受到建标、设备、人员考核等监督管理,同时各类计量标准和工作计量器具应按国家计量检定规程进行周期检定,不得超周期使用;

3)各级政府计量行政部门最终受国务院计量行政管理部门领导。

可以看出,现行量值传递体系是一个以人为因素起主导作用的、分层按级的依法管理的封闭系统,是我国计量工作法制管理的具体体现。它强调的是自上而下的途径,主要的方法是检定。

2.计量法规体系

我国的量值传递体系是根据《计量法》建立起来的。在具体执行时是通过由一系列的计量法律和规章构成的完整的计量法规体系来建立的。按其法规属性可将这个法规体系中的法规分成计量行政法规和计量技术法规。若没有计量法规体系做保障,量值传递体系是无法正常运行的。

(1)计量行政法规

计量行政法规,按照审批的权限、程序和法律效力的不同,可分为3个层次:第一层次是法律;第二层次是行政法规;第三层次是地方性法规、规章。目前,我国已形成了以《计量法》为核心、比较健全的计量法律法规体系,主要包括《计量法》1件,计量行政法规8件,国务院计量行政主管部门规章26件,部分省、自治区、直辖市及计划单列市发布的地方性计量法规28件、地方性计量规章6件。

(2)计量技术法规

计量技术法规在计量工作中,具有十分重要的作用。它是实现计量技术法制管理的行为准则,是进行量值传递、开展计量检定和计量管理的法律依据。加强计量技术法规的制定、修订和贯彻施行是计量工作进行法制管理的重要环节,是保证计量法实施的必要条件。

在制定、修订计量技术法规时应遵循的主要原则是:要符合国家有关法律、法规的规定,体现国家经济技术政策;要处理好对计量技术法规提出的技术先进性、经济合理性和实际可行性要求三者间的辩证关系;应与相关计量技术法规、产品标准相互协调,相互衔接配套;尽可能与国际惯例接轨。

目前,我国计量技术法规包括:国家计量检定系统表、计量器具检定规程和国家计量技术规范三个方面的内容。

计量检定系统表是根据从国家计量基准提供的准确量值,依据准确度等级顺序自上而下传递至工作计量器具所需准确度而设计的一种等级传递途径。《计量法》中明确规定:计量检定必须按照国家计量检定系统表进行。目前,我国已颁布了对应计量学 10 大学科、70 多个专业的 97 项 190 种计量基准的 93 个国家计量检定系统表。

计量检定规程是由国家或省级政府计量行政部门或国务院有关主管部门制定的技术性法规,是型式批准、计量检定尤其是强制计量检定等工作的重要依据。《计量法》规定:计量检定必须执行计量检定规程。至 2006 年,我国有国家计量检定规程 848 个,部门计量检定规程 1000 多个,地方计量检定规程 480 多个。

计量技术规范包括计量校准规范和一些计量检定规程所不能包含的、计量工作中具有指导性、综合性、基础性、程序性的技术规范,如《通用计量名词术语及定义》、《测量不确定度评定与表示》、《定量包装商品净含量计量检验规则》等。目前有国家计量技术规范 337 个,其中通用计量技术规范 48 个,计量基准操作规范 179 个,专用计量技术规范(包括计量校准规范)110 个。

二、我国量值传递体系的形式

每一个量值传递或溯源体系只允许有一个国家计量基准。在我国,大部分国家计量基准保存在中国计量科学研究院。较高准确度等级的计量标准,大多数设置在省级或部委级计量技术机构及计量准确度要求很高的少数大企业内。较低准确度等级的计量标准,大多数设置在地、县级计量技术机构及计量要求较高的大、中型企业中。而工作计量器具则广泛应用于工矿、企业、商店、医院、研究机构、院校,甚至家庭之中,由此构成了量值传递体系。该体系的形式呈三角形或树枝形结构,见图 3-1。

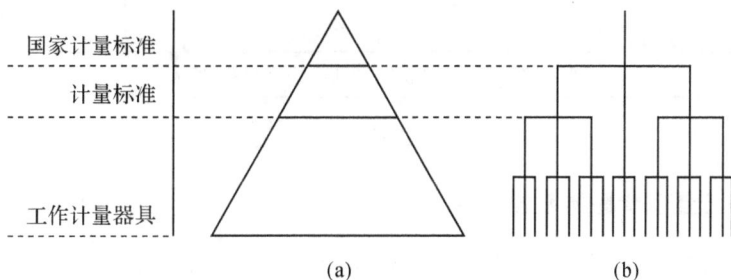

图 3-1 量值传递体系的形式

此外,分布在各大区的国家计量测试中心是国家组织建立的承担跨地区计量检定、测试任务的国家法定计量检定机构。它们是由国家质检总局批准建立、承担跨地区量值传递及检定测试任务的国家法定计量技术机构,是国家级量值传递体系和科研测试基地的组成部分。全国设立 7 个大区中心,分别称为华北、东北、华东、中南、华南、西南、西北国家计量测试中心,分别设在北京、辽宁、上海、湖北、广东、四川、陕西省级质量技术监督部门,主要技术依托所在地省(直辖市)计量院。

大区中心的主要职责是:负责研究建立大区最高计量标准,进行量值传递,开展计量检定、校准及测试任务;承担国家、地区经济建设急需的重大计量科研、测试任务,研制开发高准确度的计量标准器及测试仪器;承担制、修订国家计量技术法规任务,研究解决区域性计量管理课题;组织大区内计量技术与管理经验的交流和计量技术人员的培训;开展大区间、大区内的计量标准比对工作,组织区域内省级计量标准核查工作;为实施计量监督提供技术保证;承办计量监督工作及国家质检总局下达的计量技术和管理的有关任务。

国防系统根据其特点建立了计量传递网,其基本参数的最高标准由国家计量基准进行传递。

国家计量基准复现的单位量值,通过各级计量标准,逐级传递到工作计量器具,由此形成了量值传递系统。我国的全国量值传递体系如图 3-2 所示。在我国,具体用国家计量检定系统表的形式表达量值传递体系。

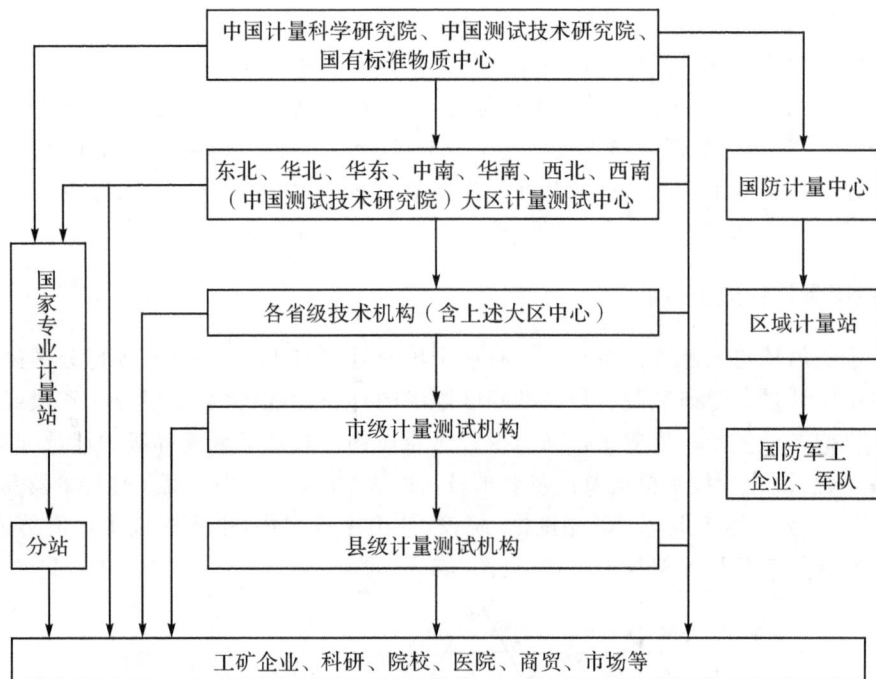

图 3-2　全国量值传递系统示意图

三、我国现行量值传递体系的不足

在社会主义市场经济条件下,随着经济体制改革的深化和计量工作本身的改革要求,量值传递体系在某些方面逐步暴露出不适应之处。主要表现在:

1)检定能力有限。按检定规程检定通常只能满足常规的、静态的检定工作,对工程参数、动态的、在线检测等计量工作缺乏技术手段。

2)按检定系统(表)逐级量值传递,部分测量不确定度会损失掉。因检定系统(表)的级实际是一个范围或界限,不是一个具体的不确定度值,量值传递时损失无法避免。

3)按区域管理,形式机械呆板。按区域管理易形成计量资源(机构、人员、设备)配置不合理,高资源不足而另一面是低资源的简单重复。同时使部分企业内高准确度的计量器具得不到量值传递,造成资源浪费。

4)全面依法管理,强检项目过多。由于检定规程是按各类计量器具制定的,使一部分与产品质量检测关系不大的计量器具也纳入强检工作范围,增加了管理工作量。

5)阻碍计量检定人员技术水平的提高。简单、低水平的重复性检定工作加上"朝南坐"的思想,阻碍着计量技术水平的提高。

可见,仅靠"自上而下"的量值传递系统已经不能完全满足我国经济发展的要求,因此,需要通过"自下而上"的量值溯源来补充其不足。

四、国家计量检定系统表

1.国家计量检定系统表介绍

我国《计量法》规定："计量检定必须按照国家计量检定系统表进行。国家计量检定系统表由国务院计量行政部门制定。"

为了保障某物理量计量单位制的统一、量值的准确可靠,国家建立了该物理量具有最高计量特性的基准器及各等级的计量标准,通过计量检定把计量基准所复现的单位量值逐级传递到工作计量器具上去。对这种从计量基准到各级计量标准直到工作计量器具的检定主从关系所作的技术规定,称为国家计量检定系统表,简称国家计量检定系统或检定系统。在我国也曾称为量传系统。国际上通常称为计量器具等级图。

国家计量检定系统是把工作计量器具(用于现场测量而非作量值传递用)的量值和国家计量基准的量值联系起来,为量值传递(或量值溯源)而制定的一种法定性技术文件,它在计量工作中具有十分重要的作用;是建立计量基准、计量标准、对各等级计量标准器具和工作计量器具进行检定或校准、制定检定规程或其它技术规范、组织量值传递的重要依据。只有应用国家计量检定系统才能把全国各地区、各企事业单位所使用的不同等级、不同量限的计量器具,纵横交错的计量网络,科学地、合理地组织起来,才能使计量检定结果在允差范围内溯源到计量基准的量值,实现全国量值统一、准确的目的。

2.国家计量检定系统的内容

国家计量检定系统,一般是用图表结合文字说明的形式来表达。其主要内容包括:

(1)引言

引言主要说明该检定系统的适用范围。

(2)计量基准

计量基准应规定国家计量基准的用途、组成国家计量基准的全套主要计量器具名称、国家计量基准复现的量的范围、国家计量基器具的总不确定度(σ)及置信因子(K)。

如果按实际需要还建立了副基准、工作基准,那么还应当分别把组成副基准的全套主要计量器具名称、副基准的复现范围、副基准的总不确定度(σ)及置信因子(K)、工作基准的计量范围及总不确定度(σ)和置信因子(K)表达清楚。

(3)计量标准器具

给出了各等级计量标准的计量范围、各等级计量标准器的总不确定度(σ)及置信因子(K),或允许误差(Δ)。

(4)工作计量器具

分别给出各种工作计量器具的计量范围及允许误差(Δ)。

(5)检定系统框图

检定系统框图的格式如图3-3所示。图3-4为力值($\leqslant$1MN)计量器具检定系统框图。

检定系统框图分三部分:计量基准器具、计量标准器具、工作计量器具,各区域用点划线分开,表明各等级计量器具在图框中的位置和量值上的相互传递关系。从上述两图中可以看出,某些高准确度的工作计量器具,可以越过低等级的标准计量器具,直接受高等级的计量标准,甚至工作基准的检定。

```
                              ****计量器具检定系统框图

                        ┌──────────────────────────┐
                        │    **国家基准             │
计                      │   (复现的量的范围)        │
量                      │   (不确定度)              │
标                      └──────────────────────────┘
准                                   │
                 ┄┄┄┄┄┄┄┄┄┄┄┄(  检定方法  )┄┄┄┄┄┄┄┄┄┄┄┄
                 │                                        │
                 │     ┌──────────────────────────┐       │
                 │     │    一等标准***            │       │
计               │     │   (测量范围)              │       │
量               │     │   (不确定度或允许误差)    │       │
标               │     └──────────────────────────┘       │
准               │              (  检定方法  )             │
                 │      ┌──────────────────────────┐      │
                 │      │    二等标准***            │      │
                 │      │   (测量范围)              │      │
                 │      │   (不确定度或允许误差)    │      │
                 │      └──────────────────────────┘      │
                 │                  │                     │
          ┄┄┄┄┄┄┄┄┄┄┄┄┄┄┄(  检定方法  )┄┄┄┄┄┄┄┄┄┄┄┄┄┄┄┄
工        │                   │                     │
作    ┌────────────┐   ┌────────────┐      ┌────────────┐
计    │ (名称)     │   │ (名称)     │      │ (名称)     │
量    │ (测量范围) │   │ (测量范围) │      │ (测量范围) │
器    │ (不确定度或│   │ (不确定度或│      │ (不确定度或│
具    │  允许误差) │   │  允许误差) │      │  允许误差) │
      └────────────┘   └────────────┘      └────────────┘
```

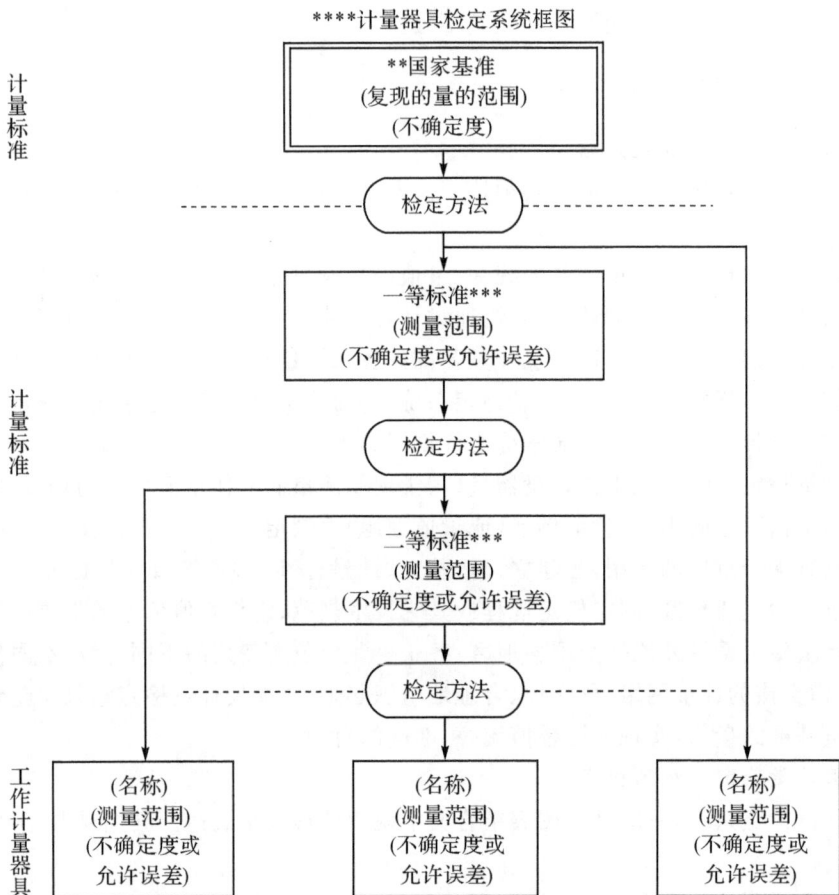

图 3-3　检定系统框图格式

3. 国家计量检定系统的管理

国家计量检定系统由国务院计量行政部门组织制定,批准发布。

检定系统基本上是按各类计量器具分别制定的。在我国,一般是每建立一项国家计量基准,就要制定一个相应的计量检定系统。计量检定系统的起草工作,通常由建立或保存该项计量基准的单位负责。制定程序一般是,国务院计量行政部门根据制定、修订计量技术法规的规划,向起草单位下达计划。起草单位指定主要起草人并组织起草工作,在充分调研和实验验证工作的基础上,草拟征求意见稿并发往各有关单位广泛征求意见。将征得的意见逐条整理分析,必要时,再进一步做一些调研或实验,以确定有关意见采纳与否。对上述征求意见稿作认真修改形成报审稿并提交审定。审定可采取会审或函审两种形式,经审定修改后形成报批稿,随同审定意见书等报批材料,上报国务院计量行政部门批准,颁布施行。

国家计量检定系统的代号为 JJG 2×××－××。其中,JJG 为计量技术法规的缩写;2×××为检定系统颁布的序号;××为检定系统颁布的年份。

制定检定系统的目的,是为了保证工作计量器具应有的准确度,所以在制定检定系统时,各等级计量标准的准确度要求,必须从工作计量器具的准确度要求开始,自下向上逐级确定。标准计量器具的等级数目应以保证单位量值向全国在用的全部工作计量器具进行合理传递为原则。

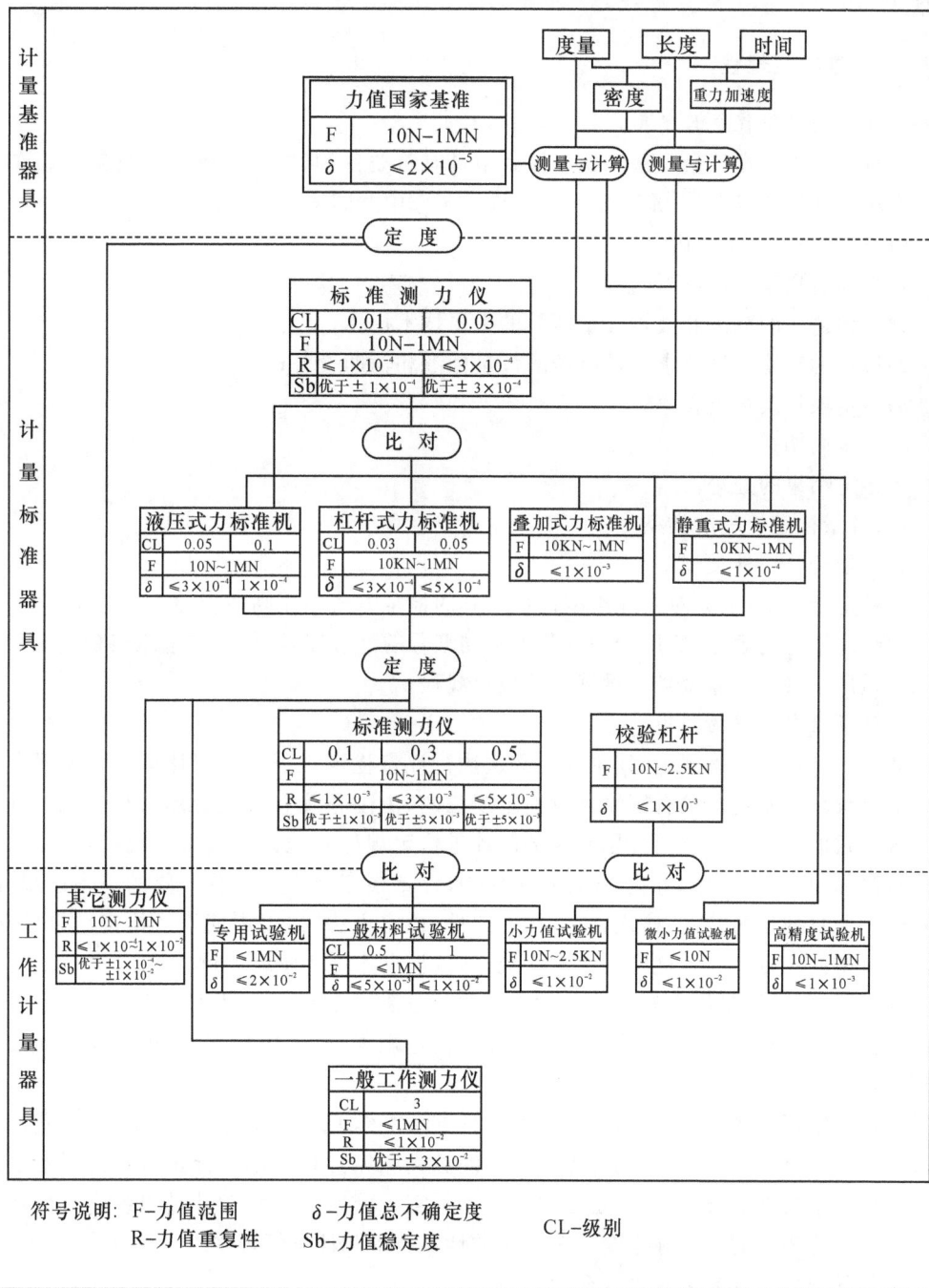

力值（≤1MN）计量器具检定系统图

左侧分类	内容
计量基准器具	
计量标准器具	
工作计量器具	

度量　长度　时间

密度　重力加速度

测量与计算　测量与计算

力值国家基准

F	10N～1MN
δ	≤2×10⁻⁵

$\delta \le 2\times10^{-5}$

定　度

标准测力仪

CL	0.01	0.03
F	10N–1MN	
R	≤1×10⁻⁴	≤3×10⁻⁴
Sb	优于±1×10⁻⁴	优于±3×10⁻⁴

比　对

液压式力标准机

CL	0.05	0.1
F	10N～1MN	
δ	≤3×10⁻⁴	1×10⁻⁴

杠杆式力标准机

CL	0.03	0.05
F	10KN～1MN	
δ	≤3×10⁻⁴	≤5×10⁻⁴

叠加式力标准机

F	10KN～1MN
δ	≤1×10⁻³

静重式力标准机

F	10KN～1MN
δ	≤1×10⁻⁴

定　度

标准测力仪

CL	0.1	0.3	0.5
F	10N–1MN		
R	≤1×10⁻³	≤3×10⁻³	≤5×10⁻³
Sb	优于±1×10⁻³	优于±3×10⁻³	优于±5×10⁻³

校验杠杆

F	10N～2.5KN
δ	≤1×10⁻³

比　对　　比　对

其它测力仪

F	10N～1MN
R	≤1×10⁻²～1×10⁻²
Sb	优于±1×10⁻⁴～±1×10⁻²

专用试验机

F	≤1MN
δ	≤2×10⁻²

一般材料试验机

CL	0.5	1
F	≤1MN	
δ	≤5×10⁻³	1×10⁻²

小力值试验机

F	10N～2.5KN
δ	≤1×10⁻²

微小力值试验机

F	≤10N
δ	≤1×10⁻²

高精度试验机

F	10N–1MN
δ	≤1×10⁻³

一般工作测力仪

CL	3
F	≤1MN
R	≤1×10⁻²
Sb	优于±3×10⁻²

符号说明：F–力值范围　　δ–力值总不确定度　　CL–级别
R–力值重复性　　Sb–力值稳定度

图 3-4　力值(≤1MN)计量器具检定系统框图

按照检定系统进行计量检定,既可保证被检计量器具的准确度,又可避免用过高准确度的计量标准检定低准确度计量器具所造成的浪费。所以,一个科学、先进和经济合理的检定系统,可以使用最少的人力、物力以保证全国量值准确一致,因此它具有经济效益和社会效益。

五、计量检定规程

1.计量检定规程及其类型

计量检定规程在计量立法和执法体系中具有重要作用,它是由国家计量部门颁布的一种具有法规性的技术文件,是检定人员在检定工作中共同遵守的依据。

(1)计量检定规程的内容

计量检定规程包括以下内容:

1)规程适用的范围和被检计量器具的主要技术指标;

2)检定的环境条件要求以及所需的计量标准和辅助设备;

3)检定项目及检定程序;

4)检定周期;

5)检定结果的处理。

(2)计量检定规程的类型

检定规程分三种类型:

1)检定指导书:它只对某一类型计量器具的检定方法作原则性指导;

2)综合性检定规程:适用于同一类型不同型号的计量器具,如电子电压表检定规程;

3)适用于某一具体型号计量器具的检定规程。

2.计量检定规程的作用

我国《计量法》明确规定:计量检定必须执行计量检定规程。国家计量检定规程由国务院计量行政部门制定。没有国家计量检定规程的,由国务院有关主管部门和省、自治区、直辖市人民政府计量行政部门分别制定部门计量检定规程和地方计量检定规程,并向国务院计量行政部门备案。由此可见,在计量工作中,计量检定规程是十分重要的技术法规,因为它对计量器具的计量特性、检定项目、检定条件、检定方法、检定周期以及检定结果处理等,都做了具体的规定。有了这样的技术法规,计量检定才可有序地进行。

在国际上,与计量检定规程相似的是由国际法制计量组织(OIML)发布的国际建议和国际文件。为了和国际接轨,我国在制定计量检定规程时,已根据国情,积极地等同或等效采用国际建议。

计量检定规程的主要作用,在于它对测量方法等作了统一规定,因此确保了计量器具的准确一致,使量值都能在一定的允差范围内溯源到国家计量基准。计量检定规程不仅是从事计量检定或校准的技术依据,也是对计量器具实行国家监督和对计量纠纷进行仲裁的技术依据。检定规程的水平标志着一个国家的计量技术和计量管理水平。

3.计量检定规程的主要内容和要求

检定规程应按照计量技术规范 JJG 1002—84《国家计量检定规程编写规则》规定的内容和格式进行编写。其主要内容为:引言、概述、技术要求、检定条件、检定项目、检定方法、检定结果的处理、检定周期及附录等。

（1）引言

引言说明检定规程的适用范围。一般的检定规程均适用于新制造、使用中和修理后的某类计量器具，但对于国内已不再生产或进口的计量器具，只写适用于使用中和修理后的即可。有的还需标明型号、准确度等级及其它技术参数，也可规定哪些同类型的计量器具可参照该检定规程进行检定，必要时可以明确指出检定规程不适用的对象或范围。

（2）概述

概述主要阐述受检计量器的用途、原理和结构。对于结构简单的计量器具，概述可省略不写。

（3）技术要求

技术要求应着重规定与受检计量器具的计量特性、使用寿命和使用安全有关的内容。一般为：

1）计量特性，如计量范围、准确度、灵敏度、稳定度以及用于动态测量计量器具的动态特性等；

2）物理或机械性能，如密度、强度、硬度、耐磨性、耐蚀性、抗干扰能力等；

3）安全可靠性，如绝缘强度、密封性能、封印要求、其它安全防护设施等；

4）外观质量，如表面粗糙度、刻度清晰度，以及对划痕、碰伤、毛刺、裂纹、气泡等方面的要求；

5）使用寿命及其它有关要求。

（4）检定条件

检定条件包括环境条件及设备条件。

1）环境条件：如温度、湿度、振动、电源电压、电磁场干扰等要求。

2）设备条件：如计量标准及主要辅助设备等。在选定这些设备时，应在满足检定工作需要的前提下，尽量充分利用现有设备。

（5）检定项目

检定项目是指受检计量器具的受检部位和内容。检定项目应与主要技术要求基本对应。确定检定项目应从实际需要出发，明确合理，切实可行。其中，有的计量器具按照具体情况，对新制造、使用中和修理后的检定项目有所区别。

（6）检定方法

检定方法是对计量器具受检项目进行检定时所规定的具体操作方法和步骤。其中包括必要的示意图、方框图、接线图及计算公式。检定方法的确定要有理论根据，并切实可行明确、具体，必要时可举例说明。所用公式、常数、系数都必须有可靠的根据。

根据实际情况，可以把检定项目和检定方法合并在一章书写。

（7）检定结果的处理

检定结果的处理是指检定结束后，对受检计量器具合格或不合格所作的结论，按照检定规程的规定和要求，检定合格的计量器具发给检定证书或加盖合格印；经检定不合格的计量器具，发给检定结果通知书。检定不合格，经修理后再次进行检定的计量器具，按所能达到的等级发给检定证书。仍不合格者，发给检定结果通知书。

（8）检定周期

检定周期是指受检计量器具相邻两次检定之间的时间间隔。检定周期的长短应根据受检计量器具的计量特性(主要是长期稳定度),使用环境条件和频繁程度等多方面的因素确定。由于与检定周期有关的因素较多,检定规程中对计量器具检定周期的规定,一般只规定最长检定周期。

也可将检定结果处理和检定周期合并为一章书写。

(9)附录

根据检定工作的需要,检定规程可以有附录,其一般内容为:

1)检定规程正文技术内容的说明和补充;

2)检定工作中证明可以采用的推荐性检定方法;

3)各种专用检定装置和检定工具的有关图形和说明;

4)检定证书、检定结果通知书和检定记录表的格式;

5)国家计量检定系统表;

6)各种分度表、计算表和换算表;

7)检定数据处理(包括数字修约)和计算举例等等。

4.检定规程的管理

对检定规程分国家计量检定规程、部门计量检定规程和地方计量检定规程三类进行管理。其中,国家计量检定规程是国家开展计量检定的法律依据。

对于制定新型计量器具国家检定规程尚不具备条件或计量器具数量过少,或使用范围太窄的专用计量器具,可暂时不制定国家计量检定规程,但为了开展这类计量器具的检定,有关部门和地方可以制定相应的部门、地方计量检定规程。

(1)国家计量检定规程的管理

国家计量检定规程由国务院计量行政部门负责组织制定、批准颁布在全国范围内施行;部门、地方检定规程,由国务院有关部门或地方省、自治区、直辖市人民政府计量行政部门负责组织制定、批准颁布,在本部门、本行政区内施行。

(2)部门、地方计量检定规程的管理

部门、地方计量检定规程,应向国务院计量行政主管部门备案,经审核批准后,也可在全国范围内推荐使用。

(3)部门、地方计量检定规程与国家计量检定规程之间的关系

相同类型的计量器具,国家计量检定规程一旦批准颁布,相应的部门、地方计量检定规程即行废止。如因特殊需要保留施行的,其各项技术规定不得与国家计量规程相抵触。

当以计量检定规程作为处理计量纠纷的依据时,国家计量检定规程的效力高于部门的或地方的计量检定规程。地方计量检定规程是地方处理跨部门的计量纠纷的主要依据。部门计量检定规程是处理部门纠纷的主要依据。

(4)计量检定规程的制定和修订

国家计量检定规程其制定、修订程序一般包括制定计量技术法规的规划、计划、组织起草、报审、审定、报批、批准、颁布、宣贯和复审等环节。

十几年来在国务院计量行政部门的统一规划领导下,建立了26个国家计量检定规程归口单位,它们在检定规程的制定、修订及宣贯中起了积极的推动作用。

为了与国际惯例接轨,目前已逐步由归口单位向国家计量技术委员会(简称技术委员会)过渡。技术委员会是在国务院计量部门的领导和授权下,在一定的专业范围内,负责国

家计量技术法规制定、修订及有关贯彻实施工作的技术组织。它的主要职责和任务是：

1)根据国家有关的法律、法规、方针、政策向国务院计量行政部门提出本专业计量技术法规制定、修订和贯彻工作的意见和建议；按照国务院计量行政部门对国家计量技术法规的有关规定，以及积极采用国际计量法规的方针，结合我国具体情况，向国务院计量行政部门提出本专业制定、修订国家计量技术法规的规划和年度计划的建议。

2)根据国务院计量行政部门批准的计划，组织本专业计量技术法规的制定、修订工作；负责组织本专业国家计量技术法规的审定工作，提出审定结论意见。

3)向国务院计量行政部门提出本专业已颁布施行的国家计量技术法规宣贯工作的建议；组织、落实国务院计量行政部门批准的宣贯计划。

4)承担国务院计量行政部门授权的国际法制计量组织的技术业务工作。参加本专业的国际活动。

5)受国务院有关部门和地方的委托、承担本专业部门和地方计量技术法规的制定、修订、宣贯予咨询等技术服务工作。

6)承办国务院计量行政部门委托的与计量法规有关的其他工作。

至今已建立了法制计量管理、声学、时间频率、电磁、物理化学、环境化学、电离辐射、光学、温度、压力、衡器、质量密度、流量容量、力值硬度、振动冲击转速、无线电、几何量工程参量、几何量长度等共20个专业计量技术委员会。

按照国际法制计量组织公约规定，各成员国家(我国于1985年4月25日参加国际法制计量组织，并为正式成员国家)在道义上均有尽可能采用国际建议的义务。在我国的计量检定规程中采用国际建议，是我国计量工作引进国外计量技术的一项重要技术政策。为在我国计量检定规程的制定、修订中做好采用国际建议的工作，推动计量技术进步，提高计量检定规.程水平，使计量工作进一步适应我国对外贸易和国民经济发展的需要，原国家计量局制定了《采用国际建议管理办法(试行)》。办法中具体规定了我国在制定、修订计量检定规程中采用国际建议的方针、政策和具体的方式方法。

在我国计量检定规程中采用《国际建议》可分为三种形式：

1)等同采用

指我国计量检定规程与《国际建议》技术内容完全相同，没有或只有小的编辑性修改。

2)等效采用

指我国计量检定规程与《国际建议》，在技术内容上只有两者可以兼容的小的差异，并有编辑性修改。

3)参照采用

指我国计量检定规程与《国际建议》，在技术内容上有两者不能兼容的差异，并有编辑性修改。

采用了《国际建议》的检定规程在报批材料中，除《检定规程(报批稿)》、《编制说明》《实验报告》、《误差分析》、《征求意见汇总》等材料外，还应附有相应《国际建议》的译本。按照《计量法》的规定，凡是新制造的、销售的、使用中的、修理后的以及进口的计量器具的检定，都必须按照计量检定规程进行。计量器具的产品标准和检验标准应与计量检定规程充分协调，使其一致。

计量检定规程应在颁布施行后3～5年进行复审，目前计量检定规程的复审应由归口单位或专业计量技术委员会组织进行。经复审的计量检定规程应由组织复审的单位把复审意见呈报国务院计量行政部门审批、发布,《复审意见》中应提出计量检定规程继续生效、应修订或废除的理由,复审的形式可根据实际情况,组织有关专家讨论或采用通信方式征求有关单位或专家的意见。如复审意见需修订,即由归口单位或专业计量技术委员会组织修订,修订后的计量检定规程颁布施行时,只要更改发布年份即可。修订后颁布施行的计量检定规程为现行有效的计量检定规程,修订前的计量检定规程应停止施行。

5.检定规程的编制

编制检定规程应执行 JJF1002－1998《国家计量检定规程编写规则》。

检定规程中技术部分的编制与校准规范一致(详见第五章第五节"计量校准")。但是,检定规程中还要包括测量设备准确度等级的划分、测量设备不同准确度等级对应的计量要求、检定使用的标准测量设备及其要求、检定的环境要求、检定的程序、合格性判断的准则、检定周期、检定证书或检定结果通知书的格式等。

编制检定规程时也需要进行不确定度分析,并且以检定规程中规定的标准测量设备、环境要求、检定程序为基础,分析不确定度来源。试验报告是通过试验验证不确定度分析的正确性。

第三节　计量基准与计量标准

一、计量基准

1.计量基准的概念

在特定计量领域内具有最高计量特性的计量标准称为"计量基准"。计量基准按层次等级一般分为国家基准、副基准和工作基准三种。

(1)国家基准

国家〔计量〕基准是指"经国家决定承认的测量标准,在一个国家内作为对有关量的其他测量标准定值的依据。"国家计量基准应具有复现、保存、传递单位量值三种功能,并包括完成这三种功能所必需的计量器具和主要配套设备;它应具有最高的准确度和最佳的稳定度;必须具有国家计量行政部门颁发的国家计量基准证书。

国家计量基准由国家计量行政部门负责建立,根据需要可代表国家参加国际比对,使其量值与国际计量基准的量值保持一致。因为全国只有一个,所以对它必须特别爱护,只有在非常必要的情况下才可以使用。

(2)副基准

副基准是通过与国家基准比对或校准来确定其量值,并经国家鉴定、批准的计量器具。它在全国作为复现计量单位的地位仅次于国家基准。有的国家基准只起保存计量单位的作用,而由副基准实际承担量值传递的"首脑"作用。一旦国家基准损坏时,副基准可用来代替国家基准。

(3)工作基准

工作基准是经与国家基准或副基准校准或比对,并经国家鉴定,实际用于检定计量标准的计量器具。它在全国作为复现计量单位的地位仅在国家基准及副基准之下。设工作基准的目的是使国家基准和副基准不因频繁使用而降低其计量特性或遭受损坏。

2.计量基准的管理

计量基准是我国量值的源头,也是我国量值与国际接轨的接口,在计量领域占有重要的地位。我国早在 1987 年制定发布了《计量基准管理办法》,该办法发布施行 20 年来,科学技术飞速发展,我国的计量基准体系已不能满足各方面的需求。

2007 年 6 月 6 日,国家质检总局公布了新修订的《计量基准管理办法》,并于 2007 年 7 月 10 日起施行。新的办法参考国际上对计量基准的定义,从计量基准的实际作用方面对计量基准的内涵做出了重新规定,加强了对计量基准保存单位的要求,对计量基准保存单位的法律保障、运行经费、技术保障、人员、环境条件、质量体系、参与和组织比对的能力以及进行量值传递的能力等方面做出了明确规定。

按照新修订的《计量基准管理办法》,计量基准由国家质检总局根据社会、经济发展和科学技术进步的需要,统一规划,组织建立。基础性、通用性的计量基准,建立在国家质检总局设置或授权的计量技术机构;专业性强、仅为个别行业所需要,或工作条件要求特殊的计量基准,可以建立在有关部门或者单位所属的计量技术机构。

建立计量基准,可以由相应的计量技术机构向国家质检总局申报。计量技术机构申报计量基准,必须按照规定的条件和程序报国家质检总局批准。

国家质检总局可以对计量基准进行定期复核和不定期监督检查,复核周期一般为 5 年。复核和监督检查的内容包括:计量基准的技术状态、运行状况、量值传递情况、人员状况、环境条件、质量体系、经费保障和技术保障状况等。国家质检总局可以根据复核和监督检查结果,组织或责令有关计量技术机构对有关计量基准进行整改。

二、计量标准

1.计量标准的概念

计量标准是为了定义、实现、保存或复现量的单位或一个、多个量值,用作参考的实物量具、测量仪器、参考物质或测量系统。它是按国家规定的准确度等级,作为检定依据用的计量器具或标准物质;它处于中间环节,起着承上启下的作用,即将计量基准所复现的单位量值,通过检定逐级传递到工作计量器具,从而确保工作计量器具量值的准确可靠,确保全国测量活动达到统一。为使各项计量标准能在正常技术状态下进行工作,保证量值的溯源性,《计量法》规定建立计量标准,并要依法考核合格,这样才有资格进行量值传递。

计量标准是量值传递的中间环节,也是量值传递过程中的重要组成部分。由于一般工作计量器具的准确度与计量基准量值准确度相差很大,用一级计量标准把计量基准的量值直接传递到工作计量器具,是难以完全做到的。所以多数计量标准,都根据需要分成若干等级,如:量块分成六等,砝码分成五等,天平分成十级。在很多情况下,各等级的计量标准准确度不同。例如,表面粗糙度计量检定系统中,标准干涉显微镜与单刻线样板和多刻线样板属于不同级别的计量标准,标准干涉显微镜为 $\pm 2\% \sim 5\%$,单刻线样板为 5%,多刻线样板为 10%。不仅其准确度有所不同,而且原理结构也有很大差异,标准干涉显微镜以光干涉原理进行工作,单刻线样板和多刻线样板是一根或一组标准深度的刻线,单刻线样板以其刻线深度为量值,多刻线样板以刻线组刻线深度的平均值为量值。

计量标准同时也是一定范围内统一量值的依据。如工厂计量室的最高一级计量标准，是统一全厂量值的依据。有关部门(如电力、铁路、气象)根据特殊需要建立的最高计量标准是统一本部门量值的依据。

计量标准有部门、企业、事业单位内部使用的计量标准和社会公用计量标准的区别。社会公用计量标准与部门、企业计量标准的主要区别在于它们的法律地位不同。社会公用计量标准对社会上实施计量监督具有公证作用，是统一本地区量值的依据。我国《计量法》明确规定：处理因计量器具准确度所引起的纠纷，以国家计量基准器或者社会公用计量标准器具的数据为准。其测量数据具有法律效力。

由于计量标准在统一量值中具有重要的地位和作用，所以它的建立和使用都有严格的规定：县级以上地方人民政府计量行政部门根据本地区的需要，建立社会公用计量标准器具，经上级人民政府计量行政部门主持考核合格后使用；国务院有关部门和省、自治区、直辖市人民政府有关主管部门，根据本部门的特殊需要，可以建立本部门使用的计量标准器具，其各项最高计量标准器具经同级人民政府计量行政部门主持考核合格后使用；企业、事业单位根据需要，可以建立本单位使用的计量标准器具，其各项最高计量标准器具经有关人民政府计量行政部门主持考核合格后使用。

为确保计量标准器具量值的准确、可靠，国家对社会公用计量标准器具，部门和企业的最高计量标准器实行强制检定。使用单位必须按规定送政府计量行政部门指定的法定计量检定机构或授权的检定机构进行定期检定。

截止到2007年底，我国共建立计量基准177项，标准物质3974种，计量标准98363项，其中社会公用计量标准39989项，部门、企事业单位的最高计量标准58374项，技术法规2524个。

计量标准是用于检定或校准其他计量标准或工作计量器具的计量器具，负责将国家计量基准实现逐级传递下去的中间环节，所以计量标准是保障国家单位制的统一和量值传递一致性、准确性的重要手段，是国民经济和科技发展的基础。

2.计量标准的建立

计量标准在国家保证计量单位制统一和量值准确可靠中，起着承上启下的作用。它将计量基准复现的单位量值，通过检定或校准传递到测量现场使用的测量设备，从而使测量结果的量值与国家计量基准复现的量值联系起来，以保证计量单位量值的统一。

(1)建立计量标准的策划

政府计量行政部门组织建立社会公用计量标准或者部门和企事业单位建立计量标准，要运用科学的方法，了解客观需求，在考虑经济效益的同时，兼顾社会效益。减少建立计量标准的盲目性，进行建立计量标准的前期策划。根据本单位的人力、资金、条件、管理水平、项目发展趋势，从实际出发作出科学决策。

1)建立计量标准评估主要应该考虑的要素

① 调查统计分析准备建设项目所对应的被测量对象的测量范围、测量准确度和被检定对象的工作量。

② 建立计量标准应当具备的基础设施与条件(如房屋面积、恒温条件、能源消耗等)。

③ 建立计量标准应当购置标准器、主要设备、配套设备的技术指标。

④ 能够使用维护操作计量标准设备的技术人员水平。

⑤ 计量标准的考核、使用、维护、量值传递保证条件。

⑥ 建立计量标准的物质、经济、法律保障等工作基础。

2)建立计量标准社会效益评价

计量行政部门组织建立社会公用计量标准前,要根据当地国民经济建设发展的需要,进行计量资源调研,统筹规划、合理建设社会公用计量标准体系。强化社会公用计量标准的建设,兼顾部门和企事业单位计量标准的发展,对需要建设的社会公用计量标准统一规划、统一部署、科学立项、认真实施。

省级以上政府有关主管部门可以根据本部门的特殊需要,当社会公用计量标准不能覆盖或满足不了部门专业特点的需求时,建立部门内部使用的计量标准。

企业建立计量标准是为了获得及时的、低成本的、高效的专业计量服务。企业计量机构应当对需要检定、校准的项目按照计量要求进行优化,根据产品要求和生产工艺流程对计量工作的依赖程度,建立相应的计量标准,凡是能够利用社会计量力量的尽量利用公用资源,以适当的规模、低廉的成本,寻求满足要求的计量服务。

3)建立计量标准经济效益评估

计量标准的建立、考核、维护、使用、运行、管理等一系列工作都离不开经济基础的支撑,是否建立计量标准应以及时、方便、实用、经济的原则进行经济效益评估。

经济效益=检定收益-检定支出全部费用检定收益:计量标准项目年检定工作量乘以国家规定的现行每台(件)检定收费标准。

检定支出全部费用:固定资产投入、标准设备购置、量值溯源保证费、低值易耗年消耗费、能源消耗、人员工资福利基金、管理费用等。

核定建立计量标准的收支费用,再进一步细算,可以把资金利用率、物价变动因素考虑进去。如果是企业建立计量标准就有可能获得计量授权对社会开展计量检定、校准,也可以把增加收入部分估计进去,综合衡量,最终确定是否建立该项计量标准。

(2)计量标准的建立

1)建立计量标准应当具备的条件

① 计量标准的量值能够溯源至相应的计量基准或者社会公用计量标准,计量性能符合要求。

② 具有符合相应条件和要求的保存、维护、使用人员。

③ 具有满足计量标准正常工作所需的环境条件。

④ 具有完善的运行、维护和管理制度。

2)选购计量标准器及配套设备

计量标准器及配套设备(包括计算机及软件)的配置应当科学合理、完整齐全,并能满足开展检定或校准工作的需要。计量标准器及主要配套设备的计量特性必须符合相应计量检定规程或技术规范的规定。

3)保证计量标准的有效溯源

计量标准的量值应当定期溯源至国家计量基准或社会公用计量标准;当不能采用检定或校准方式溯源时,应当通过比对的方式,确保计量标准量值的一致性;计量标准器及主要配套设备均应有连续、有效的检定或校准证书。计量标准的溯源应当符合如下规定:

① 计量标准器应当经法定计量检定机构或计量行政部门授权的计量技术机构检定合

格或校准来保证其溯源性；主要配套设备应当经检定合格或校准来保证其溯源性。

② 有计量检定规程的计量标准器及主要配套设备，应当按照计量检定规程的要求进行检定。

③ 没有计量检定规程的计量标准器及主要配套设备，应当依据国家计量校准规范进行校准。如无国家计量校准规范，可以依据有效的校准方法进行校准。校准的项目和主要技术指标应当满足其开展检定或校准工作的需要，并参照 JJF1139－2005《计量器具检定周期确定原则和方法》的要求，确定合理的复校时间间隔。

④ 计量标准中的标准物质应当是处于有效期内的有证标准物质。

⑤ 当国家计量基准无法满足计量标准器及主要配套设备量值溯源需要时，报国家计量行政部门同意后，方可溯源至国际计量组织或其他国家具备相应能力的计量标准。

4）整理撰写《计量标准技术报告》

计量标准器和配套设备应当试运行一定时间，在此期间应完成对计量标准的稳定性试验、测量重复性的考核，测量不确定度的评定、检定/校准结果的验证，围绕计量标准的计量特性确认其测量能力，整理撰写出《计量标准技术报告》。

5）满足计量检定环境工作条件和设施

实验室的温度、湿度、震动、电磁干扰等环境条件要达到规定要求，应当对影响检定/校准结果的设施和环境条件进行测量并加以控制，就控制措施以及技术要求制定出程序文件，确保良好的内务，对不相容活动的相邻区域进行有效隔离，采取措施以防止交叉污染。

6）配备合格的计量人员

从事计量检定/校准工作的人员，应经过必要的培训，具备相关的技术知识、法律知识和实际操作经验，并且取得计量检定员证件。每项计量标准应当配备至少两名与开展检定或校准项目相一致的，持有本项目《计量检定员证》或者《注册计量师资格证书》和计量行政部门颁发的相应项目《注册证》的检定或校准人员。检定人员为合同制职工或者外聘技术人员时，应确保这些人员胜任所从事的计量检定/校准工作且受到监督。计量标准负责人为该检定/校准项目的技术负责人，有些行业称为技术专责或责任工程师，国家实施计量技术人员执业资格制度后应取得注册计量师资格。

7）制定计量标准管理制度

为了保证计量标准的正常运行，建标单位至少要制定实验室岗位责任制度、计量标准使用维护制度、计量标准器周期检定制度、原始记录及证书核验制度、事故报告制度、计量标准技术档案管理制度等六个方面的管理制度，如计量技术机构的质量手册或程序文件中有相应的内容规定，不必另行制定。

（3）计量标准的命名

计量标准通常有两种基本类型：一种为计量标准装置；另一种以计量标准器组的形式呈现。计量标准的名称以标准装置中的主标准器命名，如标准电能表检定装置；或者以被测量对象的名称命名，如交直流电压、电流标准装置；计量标准仅由实物量具构成的以标准器名称命名，如二等公斤砝码标准器组。计量标准的命名应当按照《计量标准命名规范》执行。

3.计量标准的考核

（1）计量标准考核和管理

为了规范、准确、一致的实现量值传递以及加强对计量标准的管理，国家对计量标准实行了考核制度,并纳入行政许可的管理范畴,是计量法制监督的一项重要内容。对计量标准进行考核的制度属于技术认证,采用专家考评方法。考核分为对新建计量标准的考核和对计量标准的复查考核两种类型。

对计量标准的管理可采用考核制度和认可确认两种形式,这也是国际上多个国家采用的形式。首先谈一下认可确认的概念,这主要是针对国际间贸易开展起来的,目的是为消除阻碍世界经济贸易发展的技术贸易壁垒,许多国家签订了相互之间的计量标准相互承认协议(MRA),以实现计量标准的国际等效性,所谓互认就是取得国家之间的量值一致性和等效性,这样,进行贸易的商品就可以在自己的国家进行检测,而不必送到商品购买方的国家去检测,免除了贸易交往中计量器具的重复测量。为达到这样目的,双方国家的计量基准一定要采用国际比对的方式来保障计量标准量值的一致性。

在国内,计量标准的管理就只能采用考核制度。各级质量技术监督局是计量标准的管理和考核部门。按照《计量标准考核办法》的规定,不同的计量标准应向不同的政府计量行政部门申请考核。申请计量标准考核应提供的资料、计量标准考核的方式、计量标准考核的内容、计量标准现场考评及函审考核的实施,按照 JJF1033-2008《计量标准考核规范》规定执行。

(2)计量标准考核规范

目前的计量标准考核规范是按 JF1033-2008 进行的,其主要内容包括引言、正文和附录三部分。正文部分包括范围、引用文献、术语、计量标准的考核要求、计量标准考核的程序、计量标准的考评以及计量标准考核的后续监管等 7 章内容;附录部分包括计量标准考核用证用表、计量标准考核中有关技术问题的说明等 11 个附录。

(3)计量标准的考核要求

《计量标准考核规范》(以下简称《规范》)中阐述了对计量标准的考核要求,主要包括计量标准器及其配套设备、计量标准的主要计量特性、环境条件及设施、人员、文件集及计量标准测量能力的确认等六个方面。

1)计量标准器及配套设备

计量标准器及配套设备是保证实验室正常开展检定或校准工作,并取得准确可靠的测量数据的最重要的装备。《规范》对计量标准器及其配套设备的配置和计量标准的溯源性提出了详细而严格的要求。

① 计量标准器及其配套设备的配置

计量标准不仅要配置计量标准器,还应当配置配套设备;不仅配置硬件部分,还应根据需要配置测量和数据处理软件。配置的计量标准器及其主要配套设备的计量特性必须满足相应计量检定规程或技术规范的规定。配置的基本原则是科学合理、完整齐全、不能低配、也不要求高配,做到科学合理、经济实用;配置的最终要求是满足开展检定或校准工作的需要。

② 计量标准的溯源性

计量标准的量值应当定期溯源至国家计量基准或社会公用计量标准;计量标准器及其主要配套设备均应有连续、有效的检定或校准证书。

计量标准应当定期溯源。采用检定溯源、校准溯源方式时要严格按照规定的周期或时间间隔。当不可能采用计量检定或校准方式溯源时,则应当定期参加实验室之间的比对,以确保计量标准量值的可靠性和一致性。

计量标准应当有效溯源。有效溯源包括以下内容。

A.有效的溯源机构:指该机构能证明其具有相应资质和测量能力。具体地,计量标准器应当向经法定计量检定机构或质量技术监督部门授权的计量技术机构溯源;主要配套设备可以向具有相应测量能力的计量技术机构溯源。

B.检定溯源要求:凡是有计量检定规程的计量标准器及主要配套设备,应当以检定方式溯源,不能以校准方式溯源。在以检定方式溯源时,检定项目必须齐全,检定周期不得超过计量检定规程的规定。

C.校准溯源要求:主要针对没有计量检定规程的计量标准器及其主要配套设备的溯源问题,可依据国家计量校准规范进行校准;假如尚无国家计量校准规范,那就只能依据有效的校准方法进行校准了。校准的项目和主要技术指标应当满足其开展检定或校准工作的需要。复校时间间隔应该严格按照规定确定。

D.采用比对的规定:只有当不能以检定或校准方式溯源时,才可以采用比对方式,确保计量标准量值的一致性。比对也应当定期进行。

E.计量标准中的标准物质的溯源要求:要求使用处于有效期内的有证标准物质。

F.对溯源到国际计量组织或其他国家具备相应能力的计量标准的规定:当国家计量基准不能满足计量标准器及其主要配套设备量值溯源需要时,应当按照有关规定向国家质检总局提出申请,经国家质检总局同意后方可溯源到国际计量组织或其他国家具备相应能力的计量标准。

2)计量标准的主要计量特性

计量标准的主要计量特性包括五大内容。

① 计量标准的测量范围;

② 计量标准的不确定度或准确度等级或最大允许误差;

③ 计量标准的重复性;

④ 计量标准的稳定性;

⑤ 计量标准的其他计量特性,包括灵敏度、鉴别力、分辨力、漂移、滞后、响应特性、动态特性等。

3)环境条件及设施

对环境条件及设施所提出的要求是为了保证检定或校准工作的正常进行,并确保检定或校准结果的有效性和准确性。

环境条件包括大气环境条件、机械环境条件、电磁兼容、供电和照明等,设施包括空调系统、消声室、暗室、屏蔽室、隔离电源、防灰尘、防震动、防辐射等,设施的配置和环境条件应当满足开展检定或校准项目所依据的计量检定规程或技术规范的要求。

应当配置必要的设施和监控设备,并对温度、湿度等参数进行监测和记录;应当对检定或校准工作场所内互不相容的区域进行有效隔离,防止相互之间的耦合影响。

4)人员

人力资源是最宝贵的资源之一,一个实验室水平的高低,计量标准能否正常运行,很大程度上取决于人员的素质与水平。因此,人员对于计量标准是至关重要的,《规范》对计量标准负责人和检定或校准人员的资格和能力提出了明确要求。

5)文件集

通俗地讲,文件集是计量标准的档案兼账本,是为了满足计量标准的选择、使用、保存、考核及管理等的需要而建立的。文件集是原来计量标准档案的延伸,是国际上对于计量标准文件集合的总称。

每项计量标准都应当建立一个文件集,文件集应当包括《计量标准技术报告》等18个文件。申请考核单位应当对文件的完整性、真实性、正确性和有效性负责;文件的批准、发布、更改、评价等应受控;文件可以是书面稿,也可以是电子稿;文件应为有效的版本,应便于有关人员取用。

《规范》还对计量检定规程或技术规范、计量标准技术报告、检定或校准的原始记录、检定或校准证书、管理制度等五个重要文件提出了明确的要求。

6)计量标准测量能力的确认

可采用两种方式进行计量标准测量能力的确认。

① 通过现场实验确认计量标准测量能力

现场实验最好采用盲样进行测量;在无法得到盲样的情况下,可以用申请考核单位的核查标准作为测量对象;如无核查标准,也可以挑选近期经检定或校准过的计量器具作为测量对象。现场实验时,要求检定或校准方法正确,操作过程规范;检定或校准结果正确;回答问题正确。

② 通过对技术资料的审查确认计量标准测量能力

通过审查申请考核单位提供的有关测量能力的验证活动报告、计量标准稳定性考核以及重复性试验等技术资料中的数据,综合判断该计量标准是否具有相应的测量能力并处于正常工作状态。

如果申请考核单位参加由主持考核的质量技术监督部门组织或其认可的实验室之间的比对等测量能力的验证活动,获得满意结果的,在该计量标准复查考核时可以不进行现场考评;未获得满意结果的,应当检查申请考核单位是否进行整改,整改的效果如何,是否能保持原来的测量能力。

(4)计量标准考核的程序及考评

计量标准考核是国家行政许可项目,其行政许可项目的名称为计量标准器具核准。计量标准器具核准行政许可分四级许可,即由国家质检总局和省、市(地)及县级质量技术监督部门对各自职责范围内的计量标准实施行政许可。计量标准器具核准行政许可应当按照如图3-5所示流程办理。

计量标准的考评包括计量标准的考评原则和要求、书面审查、现场考评、整改要求及结果的处理等五个方面内容。

4.计量标准的维护和运行

为保证计量标准考核工作质量,加强考核后的监督,计量标准考核合格后,应当持续保证计量标准的溯源性和计量特性。对计量标准的更换、改造、封存与撤销应当按照需要实施动态管理,及时向原主持考核的计量行政部门申报,并履行有关法律手续。主要内容包括:

1)计量标准器及配套设备

① 计量标准器及配套设备的溯源应制定周期检定计划,绘制出量值传递/溯源框图,并组织实施,按照计量标准量传要求保证溯源的有效性、持续性。

```
┌──────────────┐
│     申请     │
└──────┬───────┘
       ↓
┌──────────────┐
│     受理     │
└──────┬───────┘
       ↓
┌──────────────────┐
│  组织（10个工作日）│
└──────┬───────────┘
       ↓
┌──────────────────┐
│  考评（60个工作日）│
└──────┬───────────┘
       ↓
┌──────────────────┐
│  审批（10个工作日）│
└──────┬───────────┘
       ↓
┌──────────────────┐
│  发证（10个工作日）│
└──────────────────┘
```

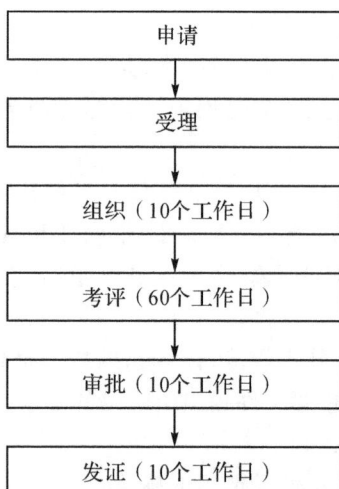

图 3-5　计量标准器具核准行政许可流程图

② 应制定计量标准期间核查程序并按规定执行。利用期间核查维持计量标准器及配套设备检定/校准状态的可信度。

③ 计量标准器及配套设备如果出现过载或处置不当、给出可疑结果、已显示缺陷、超出规定限度等情况时,均应停止使用。恢复正常后,经重新检定/校准合格后再投入使用。

④ 应使用标签、编码或其他标识表明计量标准器及配套设备的检定/校准状态,包括上次检定或校准的日期和再检定/校准或失效的日期。

⑤ 当计量标准器及配套设备失去直接或者持续控制时,计量标准器及配套设备在使用前应对其功能和检定/校准状态进行核查,满足要求后方可投入使用。

⑥ 计量标准器及配套设备检定/校准后产生了一组修正因子时,应确保其所有备份得到及时、正确的更新。

⑦ 当计量标准设施和环境条件超出允许范围,对检定/校准结果影响重大时,应停止检定/校准工作。

⑧ 如果开展检定或校准所依据的计量检定规程或技术规范发生更换,应当在《计量标准履历书》中予以记载;如果这种更换使技术要求和方法发生实质性变化,则应当申请计量标准复查考核,申请复查考核时应当同时提供计量检定规程或技术规范变化的对照表。

2)计量标准的主要计量特性

为保证计量标准的可靠性,每年至少做一次计量标准测量重复性考核。当测量重复性不符合要求时,要查找原因,予以排除。

为保证计量标准的准确性,每年至少做一次计量标准稳定性考核。当稳定性不符合要求时,要停止检定工作,查找原因,予以排除,必要时应追溯前一段的检定工作。

3)环境条件及设施

如果计量标准的环境条件及设施发生重大变化,例如:固定的计量标准保存地点发生变化、实验室搬迁等,应当及时向主持考核的计量行政部门报告。

4)人员

计量标准要指定专人负责,更换负责人时应将移交情况及时记载在计量标准履历书中。更换检定或校准人员,应当在《计量标准履历书》中予以记载。

5)文件集

计量标准技术档案应当实施动态管理,随时将计量标准的变动信息、资料记入档案。如果申请考核单位名称发生变更,应当向主持考核的计量行政部门申请换发《计量标准考核证书》。

6)计量标准测量能力的确认

积极参加计量标准比对,特别是计量行政部门组织的比对。有条件的话,每年可自行组织一次同级计量标准的比对。

三、标准物质

1.标准物质的概念

标准物质是指在规定条件下,具有高稳定的物理、化学或计量学特性,并经正式批准作为计量标准使用的物质或材料。它可以是单一的或复合的化学成分,如:高纯气体或复合气体、一定成分的水样、高纯金属或其合金等;也可以是具有某种物理化学特性的物质。目前,标准物质可以分为三大类:1)化学成分分析标准物质,如金属材料、矿物岩石、建筑材料、医药制品等;2)物理特性或物理化学特性标准物质,如标准溶液、粘度标准等;3)工程技术特性标准物质,如纺织品色牢度、标准橡胶、粉末材料粒度、水泥浊度等。

2.标准物质的作用

标准物质作为具有准确量值的计量标准,是化学计量的重要组成部分和量值传递与溯源的一种重要手段,广泛应用于国民经济和社会发展的各个方面。其主要作用在于:

(1)保存和传递特性量值,建立测量溯源性

标准物质是特性量值准确、均匀性和稳定性良好的计量标准,具有在时间上保持特性量值,在空间上传递量值的功能。通过使用标准物质,可以使实际测量结果获得量值溯源性。

(2)保证测量结果的一致性、可比性

通过校准测量仪器,评价测量过程,由标准物质将测量结果溯源到国际单位(SI)制,保证测量结果的一致性、可比性,从而达到量值统一。

(3)研究与评价测量方法

标准物质可作为特性量值已知的物质,用于研究和评价测量这些成分或特性的方法。从而判断该方法的准确度和重复性,并通过验证和改进测量方法的准确度,评价检测方法在特定场合的适应性,促进了校准方法和测试技术的发展。

(4)保证产品质量监督检验的顺利进行

在生产过程中,从工业原料的检验、工艺流程的控制、产品质量的评价、新产品的试制到三废的处理和利用等都需要各种相应的标准物质保证其结果的可靠性,使生产过程处于良好的质量控制状态,有效地提高产品质量。

另外,标准物质在产品保证制定验证与实施方面,在产品检验和认证机构的质量控制和评价方面,在实验室认可工作方面都发挥着重要作用。

3.标准物质的来历及现状

我国标准物质的研究工作开始于20世纪50年代,20世纪60年代初列入我国计量科学技术发展十年规划。首先开始了物理化学特性和成分特性标准物质的研制工作,先后建立了酸度、热量和粘度的基准测试装置,并研制出相应的标准物质,稍后又建立了高精密库

仑滴定法,对六种基准试剂的化学计算纯度进行绝对测定,为成分特性量的计量奠定了基础。1981 年正式成立了中国计量科学研究院标准物质研究所,研制出一批用于环境监测的标准物质,其中有用于大气监测的二氧化硫、二氧化氮、硫化氢、氯等气体渗透管、苯和戊烷等气体扩散管;有以称量法配制的氮、一氧化碳、甲烷、二氧化硫、二氧化碳等钢瓶装标准气体;有用于水质监测的水中痕量镉、铅、氟和氧等标准溶液。以上这些研究成果均达到相应国际水平。该所还进行液体和气体量热标准的研究。其他工业部门也研制出一批标准物质。

我国目前共有国家一级标准物质 1464 种,国家二级标准物质 2932 种。

4.标准物质的分类与分级

标准物质可按其被定值的特性进行分类。根据标准物质管理办法的规定,标准物质管理可分为化学成分标准物质(其中包括冶金、环境分析、化工等标准物质),物理或物理化学性质标准物质(其中包括光学、磁学、酸度、电导等标准物质),以及工程特性标准物质(其中包括粒度、橡胶耐磨性、表面粗糙度等标准物质)。

我国将标准物质分为一级和二级。一级标准物质采用绝对测量法或两种以上不同原理的准确可靠的方法定值,不确定度具有国内最高水平,均匀性良好,稳定性在一年以上。二级标准物质采用与一级标准物质进行比较测量的方法或一级标准物质的定值方法定值,其不确定度和均匀性未达到一级标准物质的水平,稳定性在半年以上。

我国标准物质的分类为:钢铁、有色金属、建筑材料、核材料与放射性、高分子材料、化工产品、地质、环境、临床化学与医药、食品、能源、工程技术、物理学与物理化学。

5.使用标准物质应注意的问题

在使用标准物质时,应注意以下两方面的问题:

(1)正确选择标准物质

1)标准物质类型的选择

应选择与待测物质在组成或特性上相似的标准物质。自然界的物质存在千差万别,要采用与待测物质完全一致的标准物质是不可能的。但为了消除由于标准物质与待测物质两者主体成分不同给测量带来的系统误差,应选择与待测物质基体组成大致相同、化学性质相近的标准物质。

2)标准物质级别的选择

应选择不确定度能满足测量要求的标准物质。根据测量工作本身对准确度的要求,选择不同级别的标准物质。一级标准物质的定值准确度高,是传递量值的依据,所以适用于检测方法验证、产品评价与仲裁、实验室认可、对二级标准物质定值。在普通实验室的分析质量控制或现场分析中,可使用二级标准物质,它具有适用于这些分析的定值准确度,价格便宜。使用者不应选择不确定度超过测量过程所容许水平的标准物质,否则将导致测量结果不准确或不必要的资源浪费。

3)标准物质浓度的选择

标准物质在测量中的用途不同,所以,应按其用途来选择适宜浓度的标准物质。例如,若用标准物质评价分析方法,因分析方法的精密度是被测样品浓度的函数,应选择浓度接近方法上限与下限的两个标准物质;当用标准物质校准仪器时,应选择浓度在仪器的测量线性范围内的一个或几个标准物质;当用标准物质作控制标准时,应选择与被测样品浓度相近的标准物质。

（2）正确使用标准物质

选择了适宜的标准物质，如果使用不当，也会造成测量结果的不准确，故应注意以下几方面：

1）要按标准物质证书中规定的要求、保存条件妥善保存标准物质。

2）应使用标准物质证书中规定的有效期内的标准物质。

3）所选用的标准物质数量应能满足整个实验过程的需要，必要时应保留一些储备，供实验后必要时使用。

4）使用前需认真阅读标准物质证书，了解标准物质的量值特点、化学组成、最小取样量和标准值的测定条件等内容。最小取样量是标准物质均匀性的重要条件，若忽视了最小取样量，测量结果的准确性和可信度也就谈不上了。

5）必须在测量系统达到稳定后使用标准物质。如果在使用标准物质时系统不稳定、噪音高、灵敏度低、重现性差，测量条件经常变化或存在着明显的系统误差，即使使用了标准物质，也不能得到准确可靠的结果。

综上所述，正确地使用是保证测量准确可靠的关键，如果众多的标准物质使用者能够正确地使用标准物质，随着标准物质生产和研制水平的迅速提高，标准物质必将在国民经济发展中发挥更大的作用。

第四节 量值传递的方式

由于世界各国政治和经济制度不同，发展水平各异，使得量值传递体制有所不同，但是各国采用的量值传递方式基本相似。目前国内外通常采用的量值传递的方式主要有以下四种：实物标准逐级传递，用计量保证方案（MAP）进行传递，发放有证标准物质（CRM）传递和发播标准信号传递。

目前我国的基本情况是：采用实物标准逐级进行量值传递仍然是基本的、主要的；发放标准物质目前主要用于化学计量领域，由于这种量传方式不送被检器具，检定迅速方便，而且可用于现场使用等优点，今后应逐步拓宽到其它计量领域；发布标准数据（或称对测量结果的管理）是指有关专家按照国家规程的程序经过严格评定，由国家主管部门正式公布，推荐使用的各种数据（美国、前苏联等国也称标准参数数据）。它不仅是量值传递的重要方式，也是对计量结果管理的重要内容。关于这方面的内容我们国家今后需拓宽。

计量质量保证方案是一种新型的量值传递方式。早在 1950 年代末，美国便针对如何保证更高的计量准确度的问题就开始了探索，1970 年代末，已形成了比较完整和可行的"计量保证方案"。为适应形势的发展，特别是市场经济的发展，从 1980 年代开始，结合我国国情，就进行了量值传递的试点，并取得了可喜的成绩。MAP 方案是统计学的原理用于计量领域，通过测量过程的统计控制，达到保证测量的质量。

一、实物标准逐级传递的方式

这是一种传统的量值传递方式，也是我国目前在长度、温度、力学、电学等领域常用的一

种传递方式。根据《计量法》的有关规定由计量检定机构或授权有关部门或企事业单位计量技术机构进行,其基本步骤是:

1)被传递机构将其最高计量标准定期送计量检定机构去检定,对于不便于运输的计量器具,则请上级计量检定机构派人携带计量标准来现场检定。

2)上级计量检定机构依照国家计量检定系统表和检定规程对被传递机构的最高标准或工作计量器具进行检定及修理。检定结果合格的给出检定合格证书,不合格的给出检定结果通知书。

3)被传递机构接到检定合格证书,并具有计量标准考核合格证时才能进行量值传递或直接使用此计量器具进行量测,被传递机构接到检定结果通知时,可确定本计量器具降级使用或报废。

这种量值传递方式比较费时、费钱,有时检定好的计量器具经过运输后,受到震动、撞击、潮湿或温度的影响,丧失了原有的准确度。而且它只对送检的计量器具进行检定,没有对其使用时的操作方法、操作人员的技术水平、辅助设备及环境条件等进行考核。对于该计量器具两次周期检定之间缺乏必要的技术考核,因此很难确保用该计量器具在日常测试中量值的可靠。尽管有这些缺点,但到目前为止,它还是量值传递的主要方式。

大型、笨重或安装在线的计量器具不便于送检,这时可将能搬运的计量标准包括辅助设备,组装成检定车,到现场对受检计量器具进行检定。有时检定车本身就是一个计量标准,如用检衡车检定轨道衡。

二、用计量保证方案(MAP)进行传递的方式

1. 计量保证方案(MAP)介绍

计量保证方案(Measurement assurance program,简称 MAP)是源于美国的一种新型量值传递方案。它采用了现代工业生产中质量管理和质量保证的基本思想,控制论中的闭路反馈控制方法和数理统计知识。对测量过程中影响检测质量的环节和因素进行有效控制。它能定量地确定测量过程相对于国家基准或其他指定标准的总的测量不确定度并验证总的不确定度是否足以满足规定的要求,使计量的质量得到保证,做到测量数据不仅准确而且是可靠的。

这种传递方式不是将被检计量器具送上一级检定,而是上一级计量技术机构将经过长期稳定性考核合格的可携式计量标准、计量条件和方法寄给被传递的下一级计量技术机构,该标准的校准结果(即实际值)则不寄出;下一级机构得到传递标准后,作为"未知标准"按计量条件和方法,在本单位的计量标准上进行校准,得出数据,下一级机构将传递标准和校验数据寄回上一级机构;上一级机构收到寄回的标准后进行复校,若该标准的稳定性符合要求,则对数据进行分析处理,并写出试验报告,将试验报告寄到下一级机构,该机构根据报告决定是否需修正。

美国标准局(NBS;1988 年该局更名为国家标准技术研究院,NIST)在 20 世纪 70 年代率先开展了用 MAP 进行量值传递(或溯源)。MAP 是一种测量过程的品质保证方案,它使参加 MAP 活动的计量技术机构的量值能更好地溯源到国家计量基准。它用数理统计的方法,对参加的计量技术机构的校准质量进行控制,定量地确定校准的总不确定度,并对其进行分析,因此能及时地发现问题,使总不确定度小到足以满足用户的要求的程度。

从概念上说,参加 MAP 活动的计量技术机构,可以看作是对整个参加实验进行检定的一种办法。

2. 计量保证方案的设计过程

计量保证方案的设计过程包括:

1)研究测量系统的物理模型;

2)确定 MAP 总体方案;

3)设定(核查和量传/溯源)测量过程的数学模型;

4)开发核查标准和传递标准;

5)设计统计控制的数学模型(包括核查和闭环量传/溯源过程的模式);

6)写出测量不确定度评定程序;

7)制定计量技术规范。

其中的关键是设计测量过程统计控制的数学模型。

3. 实施 MAP 的一般步骤

MAP 的实施有几种模式,具体实施程序如图 3-6 所示,包括如下步骤:

1)参加实验室向上一级实验室(称为主持实验室)提出申请,主持实验室通过了解参加实验室的情况,制订出合适的方案。

2)确定合适的"传递标准"和"核查标准"。"传递标准"要求准确度等级较高,量值准确;"核查标准"要求量值稳定、可靠。"传递标准"由主持实验室提供,"核查标准"既可由主持实验室提供,也可由参加实验室自备。

3)参加实验室通过对"核查标准"进行反复多次测量,建立过程参数,掌握由随机影响引起的不确定度分量,使测量过程处于受控状态。

4)主持实验室将"传递标准"准确测量后送交参加实验室,参加实验室将"传递标准"作为未知样进行测量,通过测量"传递标准",可确定参加实验室由系统影响引起的不确定度分量。然后将测量数据包括对"核查标准"的测量数据连同"传递标准"交回主持实验室。

5)主持实验室再次对"传递标准"进行测量以确定量值是否有变化,然后根据参加实验室提交的数据进行数据分析,出具测试报告送交参加实验室,并提供必要的技术咨询。

传递标准的定义是在计量标准相互比较中用作媒介的计量标准。具体说是指一个或一组计量性能稳定的、特制的、可携带(或运输)的计量标准。所谓"核查标准",也是一种计量标准,它要求随机误差小、长期稳定性好,并经久耐用。这种计量标准专门用于核查本实验室的计量标准。核查标准提供了一种表征测量过程状态的手段。它通过在一个相当长的时间周期内和变化中的环境条件下,对同一计量标准进行重复测量而达到表征测量过程的目的,它重视的是测量数据库,因为正是这些测量值,才能准确地描述测量过程的性能。

进行 MAP 时,被传递的单位可以是一个或若干个。MAP 方式不仅国家一级计量技术机构可以采用,部门、地区的计量技术机构也可采用。原则上只要能制成传递标准的计量项目都可采用 MAP 方式,且不受准确度的限制。

4. MAP 方式的优点和作用

MAP 量传方式与传统量传方式相比具有以下优点和作用:

1)MAP 综合考核了实验室的测量能力。传统的量传方式只是检定了计量器具,无法了解用户实验室的测量过程。而 MAP 不仅限于计量器具本身,通过对实验室由随机影响

测量数据送交计量机构

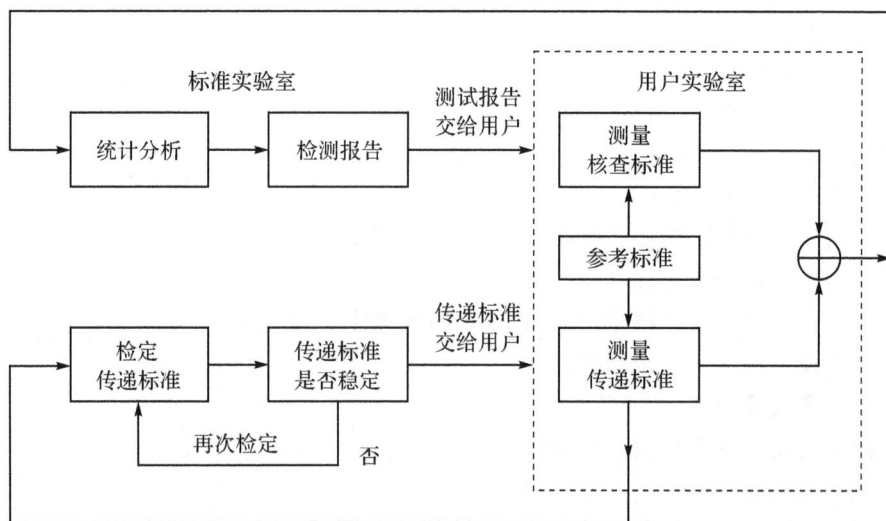

图 3-6 计量保证方案实施程序

引起的不确定度分量和由系统影响引起的不确定度分量进行全面评定,考核了实验室的综合情况,即包括实验室的标准、方法、人员、环境、仪器等。因而,MAP 是考核实验室综合能力的理想方法。

2)MAP 能使测量过程处于连续的统计控制之中。对传统的量传方式,实验室计量器具检定合格后,如果在使用过程中量值发生变化,只有当进行下一次周期检定或出现严重的数据错误时才会被发现。而对于 MAP 方式,实验室在经"传递标准"校准后的较长时间间隔内,要采用一个"核查标准"定期进行统计检验,使每次测量结果能随时与所建立的过程参数的数据进行比较,以保证测量过程处于连续的统计控制之中。

3)MAP 提高了测量的准确度和可靠性,保证量值真正传递到现场。逐级检定的传统量传方式只是做到了量值传递工作的一部分,也就是只保证了计量器具在上级计量部门检定的这一部分,至于计量器具在运输过程中量值是否会发生变化、实验室环境是否符合规定、技术人员操作和使用方法是否正确等因素都无法保证。而 MAP 能够克服这些缺点,通过了解实验室的测量情况,正确地反馈信息,使量值能真正传递到现场。

4)MAP 能满足大型精密仪器现场校准的要求。大型精密仪器或测量系统运输不方便,送检困难,或只能对部分部件送检,因此,传统的量传方式不能满足该类仪器检定的要求,而 MAP 量传方式通过把"传递标准"送到实验室后,可在现场作为一个被测单元,全面考核该类仪器,达到校准的目的。

5)MAP 可以对国家标准起到监控作用。MAP 方式能够直接溯源到国家标准,如果国家标准量值发生了变化,由于 MAP 是全过程的质量控制,当确定不是传递过程的环节出现问题时,就可检查是否是标准本身的问题,这样可以间接地对标准起到一种监控作用。

6)MAP 为确定合理的检定周期提供科学依据。我国的计量器具检定周期大多为一年,而由于计量器具的不同特点,有的在一年有效期内已超差,有的在几个检定周期内量值都很稳定,缺乏合理性。采用 MAP 方式后,可根据所建立的过程参数进行统计控制的情况,适时地调整检定周期,把检定周期的确定建立在符合计量器具实际使用情况和可靠数据的基础上。

三、用发放有证标准物质(CRM)进行传递的方式

由国家计量部门授权的单位进行制造,并附有合格证书才有效,这种有效的标准物质称为"有证标准物质"(Certified Reference Material,英文缩写 CRM)。

用发放有证标准物质进行量值传递的示意图见图 3-7。

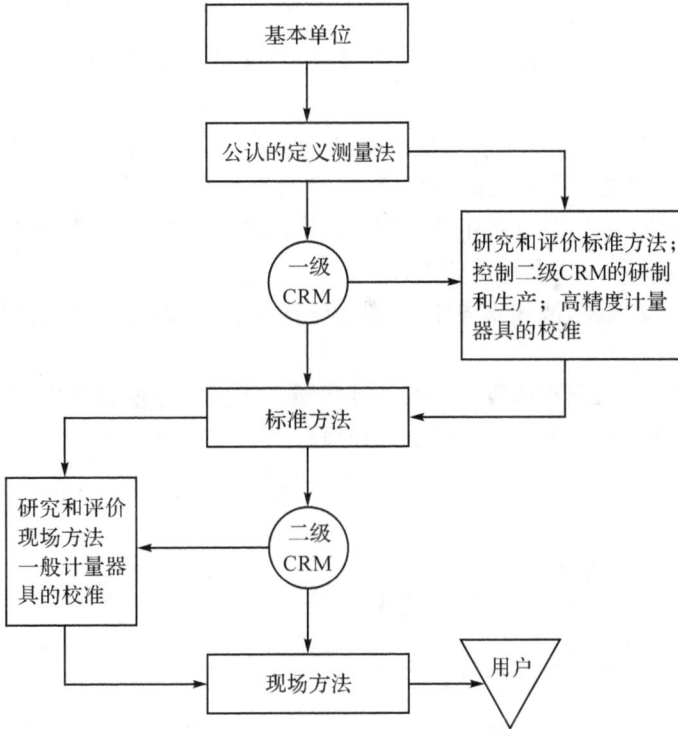

图 3-7　用标准物质进行量值传递示意图

图 3-7 中包括了六个重要的技术组成部分,或者说有六个环节。

1)国际单位制的基本计量单位

在理论上它是七个基本单位的定义真值。在实际上是复现定义的基准,它是测定系统中具有最高准确度的环节,是实验室溯源测量准确度的源头。

2)绝对测量法

亦称公认的定义计量法或权威性方法。它是指有正确的理论基础,量值可直接由基本单位计算,或间接用与基本单位有关的方程计算,方法的系统误差可以基本上消除,因而可以得到约定真值的计算结果。化学分析方面经典的重量分析法、库仑分析法、电能当量测定法、同位素稀释质谱法及中子活化分析法等均属于这种权威性方法。实现这种方法需要高精度的设备和技术熟练的科技人员,耗费较多的资金和时间,所以这种方法一般只用来测定一级标准物质的特性值。

3)一级标准物质

它是用来研究和评价标准方法,控制二级标准物质的研制和生产,用于重要计量器具的校准以及重大的质量控制,是测量系统的中心环节,负有承上启下的作用。

4)标准方法

它是指具有良好的计量重复性和再现性的方法。这种方法有的已经与定义计量法进行过比较验证,可给出方法的准确度;有的只知道其精密度,这时就需要采用两种以上原理的标准方法进行比较,以确定有无系统误差。用标准方法可测定二级标准物质的特性值。

5)二级标准物质

它是用来研究和评价现场方法及用于一般计量器具的校准。

6)现场方法

这是一些相对测量的方法,即大量应用于工厂、矿山、实验室和监测单位的各种计量方法。

以上六个技术组成部分是将准确量值传递到现场,达到测量一致性的重要保证。而标准物质是传递和溯源测量准确度的重要媒介,在测量物质的成分特性时,它的作用尤为突出。化学计量在国民经济、科学技术和国防建设中的作用,大多数情况是通过标准物质来实现的。所以说标准物质是化学计量的支柱。

标准物质可以是气体、液体或固体,一般为一次性、消耗性的。使用标准物质进行量值传递的优点是:

1)传递环节少,一般只有一级和二级标准物质。除国家计量研究机构生产部分一级标准物质外,其他计量部门一般不必生产标准物质;

2)用户可以根据需要购买标准物质,自己校准物质,自己校准计量器具及评价计量方法,可免去送检仪器;

3)可以快速评定并可在现场使用。

目前,这种方式主要用于化学计量领域。

四、用发播标准信号进行量值传递的方式

通过发播标准信号进行量值传递是简便、迅速和准确的方式,但目前只限于时间频率计量。我国通过无线电台,早就发播了标准时间频率信号。以后随着国家通讯广播事业的发展,中国计量科学研究院将小型铯束原子频标放在中央电视台发播中心,由中央电视台利用彩色电视副载波定时发播标准频率信号,并于 1985 年开始试播标准时间信号。这样,用户可直接接收并可在现场直接校正时间频率计量器具。

随着卫星技术的发展,出现了利用卫星发播标准时间频率信号的方式。卫星电视发播标准时间频率信号的原理见图 3-8。

这种传递方式具有很好的前景,因为时间频率计量的准确度比其它基本量高几个数量级。因此,计量科学家正在研究使其它基本量与频率量之间建立确定的联系,这样便可以像发播时间频率信号那样来传递其它基本量了。

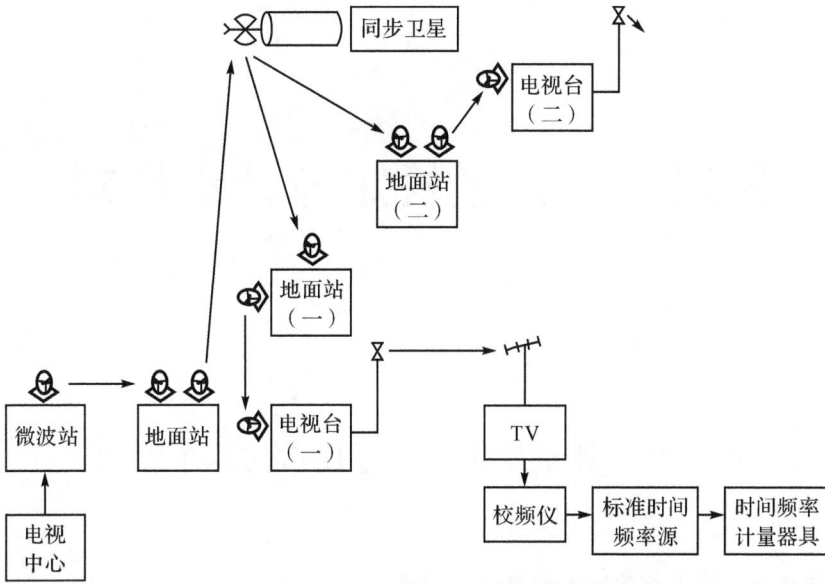

图 3-8　卫星电视发播标准时间频率信号的原理图

复习思考题

1. 什么叫量值传递？为什么要进行量值传递？量值传递是通过什么途径进行的？
2. 我国的量值传递体系是怎样的？
3. 什么是国家计量检定系统表？它是怎么来的？
4. 什么是计量基准与计量标准？它们有什么作用？
5. 什么是标准物质？它有什么作用？
6. 量值传递的方式有哪些？
7. 简述用计量保证方案（MAP）进行量值传递的方式。

第四章　计量检定与计量比对

第一节　计量检定与计量比对的基本概念

一、计量检定过程中影响所传递量值的因素

按照我国目前的量传体系,计量器具的量值由基准或副基准通过检定的方式传到各省级和部门的最高计量标准,然后根据国家量传体系表依次向下传递。这些计量基准、标准构成了我国的量值传递体系,是满足测量结果准确、量值统一的重要保证。

在对计量标准进行检定的过程中,影响所传递量值的因素有:计量标准装置、计量检定人员、所需的环境条件和所使用的检测方法。检定时,一般采取的方式是将被检的计量器具(下一级计量标准器具)送到上一级计量标准器所在单位。这样所确定的量值是被检计量器具(下一级计量标准器具)、上一级计量标准器具所在单位的人员和上一级计量标准器具所在单位环境条件这三者结合的体现。

二、目前的检定量传方式存在的弊病

目前的这种检定量传方式存在以下弊病:

1)有时不能反映下一级计量标准器具在本单位的人员和环境条件下所能提供的检定、校准能力。

2)相同准确度等级的计量标准之间没有量值的横向比较,无法掌握其测量结果是否一致。

3)我国存在同一单位量的基准和副基准不在同一保存单位的情况,并且都在进行量传。容易造成同一量值在国内有两条量传链,从而导致量值不统一。

为了克服以上弊病,有必要引入国际上广泛采用的计量比对这一方式。随着我国量值统一工作的加强,国内比对工作逐渐得到了重视和加强。

三、计量检定的概念

JJF1001－1998《通用计量术语及定义》规范中对计量检定(简称检定)的定义是:查明和确认计量器具是否符合法定要求的程序,它包括检查、加标记和(或)出具检定证书。该定义中所提出的"法定要求",就是指在我国按计量检定规程的要求。检定是进行量值传递或溯

源以及保证量值准确一致的重要措施。因此,检定在计量工作中具有重要的地位。

四、计量比对的概念

在规定条件下,对相同准确度等级的同类计量基准、计量标准或工作计量器具的量值进行相互比较,称为计量比对。比对往往是在缺少更高准确度计量标准的情况下,使测量结果趋向一致的一种手段。比如,在纳米计量中,集成电路的台阶、膜厚、线宽、高度、步距等特征尺寸就是通过比对来统一量值的。

比对除了能够在量值传递体系达到量值相对统一的目的,在量值溯源体系中也发挥着重要作用。

第二节　计量检定

一、计量检定的对象、目的和特点

1. 计量检定的对象

计量检定的对象是计量器具,即测量仪器,它是单独地或连同辅助设备一起用于测量的器具,包括计量标准器具和工作计量器具,可以是实物量具、测量仪器、标准物质和测量系统。

2. 计量检定的目的

计量检定的目的是查明和确认计量器具是否符合法定要求。法定要求是指按照《计量法》对依法管理的计量器具的技术和管理要求。对每一种计量器具的法定要求反映在相关的国家计量检定规程以及部门、地方计量检定规程中。

3. 计量检定的特点

计量检定是我国量值传递体系的核心内容,具有如下特点:

1)计量检定的对象是计量器具(含计量标准、工作计量器具和标准物质);

2)计量检定的目的是为了确保全国量值的统一和量值的溯源;

3)计量检定的依据是计量检定规程;

4)计量检定必须作出是否合格的结论,出具检定证书或检定结果通知书;

5)计量检定属法制计量术语的范畴。

二、计量检定的分类

1. 按照管理环节分类

(1)首次检定

对未曾检定过的新计量器具进行的一种检查。所有依法管理的计量器具在投入使用前都要进行首次检定。

首次检定的目的是为了确定新生产计量器具的计量性能,是否符合批准时型式的规定的要求。它是对先前未经检定的任何计量器具按检定规程的要求进行的一系列检查和直观检验,符合要求的出具检定证书和(或)加标记,也即赋予该器具法制特性。

根据实际情况和法规,首次检定一般由法定计量机构作出规定和要求,由器具的制造者、进口者、卖主或使用者提出申请。

(2)后续检定

计量器具首次检定后的任何一种检定,包括强制性周期检定、修理后检定和周期有效期内的检定。后续检定的目的在于检查器具是否仍保持其法制特性,并为重新确认或撤销,或者为恢复法制特性所需要采取的改进措施提供依据。

根据计量器具本身的特性和使用场所,经过首次检定的计量器具不一定都要进行后续检定。有的计量器具首次检定后直到用坏为止不再进行检定,如玻璃液体体温计。有的计量器具由于安装在不便拆装的场所,首次检定后规定使用期限,到期更换,如家用水表、电能表、煤气表等。

除个别原因外,后续检定一般由法定计量机构负责安排与使用者在规定的有效期内提交器具相结合。当使用者对器具的性能发生怀疑或觉察到功能失常时;当顾客对器具性能不满意时可随时提出,特别是修理后及封印失效后必须检定。

2. 按照管理性质分类

(1)强制检定

县级以上人民政府计量行政部门所属或者授权的计量检定机构,对社会公用计量标准器具,部门和企、事业单位使用的最高计量标准器具,以及用于贸易结算、安全防护、医疗卫生、环境监测方面,并列入《强制检定的工作计量器具目录》的工作计量器具强制实行的定点定期检定。《计量法》规定属于强制检定范围的计量器具,未按照规定申请检定或者检定不合格继续使用的,属违法行为,将追究法律责任。

强制检定的对象包括两类:一类是计量标准器具,它们是社会公用计量标准器具,及部门和企、事业单位使用的最高计量标准器具。这些计量标准器具肩负着全国量值传递和量值溯源的重任。另一类是工作计量器具,它们是列入《强制检定的工作计量器具目录》,且在贸易结算、安全防护、医疗卫生、环境监测中实际使用的工作计量器具。这些工作计量器具直接关系市场经济秩序的正常,交易的公平,人民群众健康、安全的切身利益和国家环境、资源的保护。

按强制检定的管理要求,社会公用计量标准器具及部门和企、事业单位最高计量标准器具的使用者应向主持该计量标准考核的政府计量行政部门申报,并按计量标准考核批准程序实施。属于强制检定的工作计量器具的使用者应将这类计量器具登记造册,报当地政府计量行政部门备案,并向其指定的计量检定机构申请检定,按周期检定计划进行检定。

承担强制检定任务的计量检定机构,包括国家法定计量检定机构和各级政府计量行政部门授权开展强制检定的计量检定机构,应就所承担的任务制定周期检定计划,按计划通知使用者,安排接收使用者送来的计量器具或到现场进行检定。强制检定工作必须在政府规定的期限内完成,计量检定机构若违反规定,超过检定期限的,除应及时安排检定外,还应免收检定费。计量检定机构在完成强制检定后应出具检定证书或检定结果通知书或加盖检定印记,不应出具校准证书或测试报告;并且应按照国家规定的检定收费标准收取检定费,不应与用户议价,提高或降低收费。计量检定机构应按检定规程的规定确定被检计量器具的检定周期,使用者必须在证书给出的检定有效期到期之前按时送检。

(2)非强制检定

在所有依法管理的计量器具中除了强制检定的以外,其余计量器具的检定都是非强制检定。非强制检定目前在我国通常称为校准。这类检定不由政府强制实施,而由使用者自己组织实施。这类计量器具的准确与否只涉及使用单位的产品质量、节能降耗、经济核算、实验数据的准确可靠等。使用这类计量器具的单位应建立内部计量器具台账,制定周期检定(或校准)计划,按计划对所有计量器具实施检定(或校准)。使用单位可根据本单位生产、管理和研究工作的实际需要建立相应等级的计量标准,对本单位计量器具实施检定(或校准),也可以自主选择其他有资质的计量机构实施。

我国加入 WTO 以后,法制计量的范围也随之调整,今后要强化检定的法制性,属强制检定的计量器具实施检定,非强制检定的计量器具可采用校准、比对、测试等方式达到统一量值、溯源的目的。

三、计量检定的方法

计量检定的方法一般可以分整体检定法和单元检定法两种。

1. 整体检定法

整体检定法又称为综合检定法,它是主要的检定方法。这种方法是直接用计量基准、计量标准来检定计量器具的计量特性,可分下面几种情况。

1)用标准量具检定计量器具。例如:用标准量块检定游标卡尺;用标准砝码检定秤;用标准电阻箱检定欧姆表等。

2)用计量基准或标准仪器(或装置)检定计量器具。例如:用工作基准测力机检定高精度力传感器;用标准负荷式压力装置检定压力表;用标准硬度计定度标准硬度块等。

3)用标准物质检定(或校准)计量器具。例如:用标准粘度油检定粘度计;用标准苯甲酸检定量热计等。

4)用标准时间频率信号检定时间频率计量器具。

整体检定法的优点是简便、可靠,并能求得修正值,如果受检计量器具需要而且可以取修正值,则应增加测量次数(例如,把一般情况下的 3 次增加到 5~10 次),以降低随机误差。整体检定法的缺点是:当受检计量器具不合格时,难以确定误差由计量器具的哪一部分或哪几部分所引起的。

2. 单元检定法

单元检定法又称为部件检定法或分项检定法。它分别测量影响受检计量器具准确度的各项因素所产生的误差,然后通过计算求出总误差或总不确定度,以确定受检计量器具是否合格。应用这种方法必须事先知道或者可以正确地求出各单元(或各分项)的误差对总误差影响的规律。有时按单元检定法检定后,尚须用其他方法旁证其结果是否正确,以检验是否有遗漏的系统误差。

单元检定法的步骤如下:

1)分析影响受检计量器具准确度的各项因素,并列出函数关系式。

2)分别测量各项因素造成的误差,对其中能列出函数式的因素,可通过计算求出该分项的最大误差;对其中难以列出函数式的影响因素,可通过分项实验的办法求出它们对受检计量器具准确度实际产生的误差值。

3)列出各分项误差对总误差的关系式。

4)综合各项因素造成的总误差或总不确定度,判断是否合格。也有误差来源比较少的计量器具,只要各单元误差在各自允许范围内,即可认为合格,而不必求出总误差或总不确定度。

单元检定法适用于下列几种情况:

1)对于按定义法建立的计量标准,当没有高一等级的计量标准来检定它时,则必须采用此法。

2)只用整体检定法还不能完全满足的计量器具。例如负荷式标准活塞压力计,除了与它高一等级的负荷式标准活塞压力计的示值相比较外,还需要逐个检定压力计的砝码的质量。

3)一般比较仪的检定。比较仪是一种确定被测量的量值与标准量具量值之间所存在的比例或差值的计量仪器。所以,首先应当检定这个比例(有时称为"臂"比)或差值的准确性。"臂"比的准确性,可以通过实验比较两个量值为已知的量具的办法来确定,或者可以通过分别测量构成比较仪"臂"的各个部件的办法来确定。对于测量变换器和内装标准量具的比较装置,也是用单元检定法更为合适。

4)对于误差因素比较简单的计量器具,当按单元检定法比较经济时,也可用此方法。

5)对于某些整体检定不合格的计量器具,可再按单元检定法检测,目的是确定哪一个部件(或哪几个部件)超差。

总之,单元检定法的优点是可以弥补整体检定法的不足,缺点是测量及计算均很繁琐,需花较长时间,有时还会因遗漏而不能保证受检计量器具的准确度,所以需要进行旁证试验。

四、计量标准的选择和仪器设备的配备

1.计量标准的选择原则

在国家计量检定规程和部门、地方计量检定规程中都明确规定了应使用的计量基准或标准,应按规定执行。计量标准或基准进行量值传递的最佳测量能力,至少应小于被检计量器具最大允许误差绝对值(MPEV)的 1/3。所使用的计量标准应依据 JJF1033—2008《计量标准考核规范》进行考核,并取得有效的计量标准考核证书。

2.仪器设备的配置要求

应按照检定规程中检定条件的规定配备计量基准、计量标准器具(包括标准物质),以及配套设备。所配备的仪器设备应满足规程、规范的准确度要求和其他功能要求,并经过检定、校准,有有效期内的检定、校准证书,贴有表明检定、校准状态的标识。所使用的仪器设备必须在购置、验收、建档、检定、校准、正确使用、维护保养、期间核查、修理、报废等环节进行科学管理,使之处于受控状态,以保证检定结果的准确可靠。

五、计量检定的实施

1.计量检定的依据

检定必须执行计量检定规程。检定规程中对计量器具检定的要求主要是基本的计量特性,如:准确度等级、最大允许误差、测量不确定度、影响量、稳定性、灵敏度、干扰量等。对有些计量器具还规定了影响准确度的其他计量特性,如:零点漂移、线性度、滞后等。对于测量动态量的计量器具,还另外规定动态计量性能,如:频率响应、时间常数等。

2.计量特性的评定

在评定计量特性前,检定人员必须先对被检计量器具的外观、工作正常性等非计量特性进行检查。若受检计量器具的示值偏移过大,则需要调整。有的计量器具送检时没有标明量值(如标准硬度块),需要用计量基准或计量标准给它赋值,这种操作称为定度或标定。对于标准物质而言,称为定值。

3.工作条件的要求

计量器具的准确度等级、最大允许误差、测量不确定度都应当在规定的正常工作条件下来判定。所谓正常工作条件是指检定规程中或计量器具的说明书中所规定的工作条件。由于超出规定的正常工作条件时所增加的误差,称为附加误差。这种误差必须避免,所以在检定时,必须创造正常工作条件,以免造成送检计量器具是否合格的误判。例如,应使受检计量器具的温度与检定室内的温度保持一致。因此,在检定前必须先把受检计量器具从包装箱中取出,放置在检定室内若干小时以上(放置的时间,视受检计量器具的结构、体积以及所要求的准确度而定,一般至少放置 4h 以上),然后才进行检定。对着装和手套也有要求。

4.计量器具的稳定性和重复性考核

计量器具的稳定性,是指在规定工作条件下计量器具保持其计量特性恒定的能力。通常是相对时间而言的,它可分为短期稳定性和长期稳定性。短期稳定性好的计量器具,其测量的重复性必定很好。测量的重复性通常用随机不确定度来估计。长期稳定性一般是指在检定周期内,计量器具保持其计量特性恒定的能力,因此在送检计量器具时,必须附上上一次的检定证书,以便考察长期稳定性。对于新制的或者没有附上上次检定证书的计量器具,由于不知其长期稳定性,有时检定一次后,需要放置几个月,进行复验,以考察其长期稳定性。

对于某些短期稳定性及长期稳定性均很优良的使用中的计量器具,当它的固定偏移略为超出允许误差时,可以给出修正值,以便修正后使用。修正值只能消除受检计量器具的系统误差,而消除不了随机误差,所以对稳定性差的计量器具,是不允许给出修正值,否则会造成可以修正使用的假象。

受检的计量器具应当由哪一等级的计量标准对它进行检定,可以从该计量器具的检定系统中查出。如果该计量器具还没有制定出检定系统,则按微小误差取舍准则,可选用不确定度为受检计量器具不确定度 1/3~1/10 的计量标准进行检定。

5.检定的步骤

(1)外观检查

重点是观察有无影响计量器具的计量特性和寿命的缺陷。例如,有无锈蚀、裂缝、变形、划痕、撞伤等。还需要检查是否有油垢,有则必须清洗干净。

在装有水准器的计量器具中,要检查水准器安装的正确性和牢固性,并检查水准器是否灵敏。此外,还需检查有无强制性标记等。

(2)正常性检查

对于量具不需要进行这项检查,但对于有运动部件的计量器具,这项检查是非常必要的,目的是检查受检计量器具能否正常动作。

只有在上述两项检查合格后,才可接着进行下面的步骤。

（3）计量特性的检定

按有关检定规程的检定方法进行。

（4）对检定结果的数据进行处理和分析

例如，算出平均值，求出不确定度等，必要时可给出修正值。这时最重要的是对检定结果要仔细分析，看它是否有规律性。为此，最好画出误差曲线图，以利于直观分析。

（5）检定结果的处理

检定结果合格的给出检定证书，必要时对检定合格的计量器具打上钢印或铅封；检定结果不合格的给出检定不合格通知书，并注明不合格项目。最后，给出检定周期。

6．检定记录

在检定过程中都应进行记录，内容包括：

1）受检计量器具的名称、制造厂、型号、出厂编号以及额定特性和参数，如测量范围或最大测量值；

2）检定条件，包括检定室或介质的温度，必要时记下空气压力、相对湿度以及其他特定的条件；

3）检定时所用的计量标准的名称、型号及编号，必要时还须记下主要辅助设备的名称；

4）检定时间（年、月、日）；

5）检定过程中所进行的每一次独立测量的结果；

6）在检定结束后对记录进行分析，并做出受检计量器具是否合格的结论；

7）有效期；

8）检定员及核验员签字。

检定的结果和证书都来自原始记录，其所承担的法律责任也来自这些原始记录。因此，原始记录的地位十分重要，它必须满足以下要求：

1）真实性要求。原始记录必须是当时记录的，不能事后追记或补记，也不能以重新抄过的记录代替原始记录。必须记录客观事实、直接观察到的现象、读取的数据，不得虚构记录，伪造数据。

2）信息量要求。原始记录必须包含足够的信息，包括各种影响测量结果不确定度的因素在内，以保证检定实验能够在尽可能与原来接近的条件下复现。例如使用的计量标准器具和其他仪器设备、检定项目、测量次数、每次测量的数据、环境参数值、数据的计算处理过程、测量结果的不确定度及相关信息、检测人员等。

7．检定数据和结果

（1）数据处理

在检定实验中所获得的数据，应遵循所依据的规程、规范中的要求和方法进行处理，包括数值的计算、换算和计算结果的修约等。

（2）检定结果的评定

按照所依据的检定规程的程序经过对各项法定要求的检查，包括对示值误差的校准和其他计量性能的检查，判断所得到的结果与法定要求是否符合，全部符合要求的结论为："合格"，且根据其达到的准确度水平给予符合×等或×级的结论。

（3）检定结果的核验

核验是指当检定人员完成规程、规范规定的程序后，由未参与操作，且具有不低于操作人员所需资格,和对该项目检定程序熟悉程度不差于操作人员的人,对整个实验过程进行的审核。核验是检定工作中必不可少的一环,是保证结果准确可靠的一项重要措施。承担核验工作的人员必须负起责任,认真审核。

核验工作的内容包括:

1)对照原始记录检查被测对象的信息是否完整、准确。

2)检查依据的规程、规范是否正确,是否为现行有效版本。

3)检查使用的计量标准器具和配套设备是否符合规程、规范的规定,是否经过检定、校准并在有效期内。

4)检查规程、规范规定的项目是否都已完成。

5)对数据计算、换算、修约进行验算。

6)检定规程规定要复读的,负责复读。

7)检查结论是否正确。

8)如有记录的修改,检查所作的修改是否规范,是否有修改人签名或盖章。

9)检查证书上的信息,特别是测量数据,与原始记录是否一致。

核验中,如果对数据或结果有怀疑,应进行追究,查清问题,责成操作人员改正,必要时可要求重做。经过核验并消除了错误,核验人员在原始记录和证书上签名。

六、检定证书和检定结果通知书

1. 检定证书

凡依据计量检定规程实施检定,且检定结论为"合格"的出具检定证书。每一种计量器具的检定证书应符合其计量检定规程的要求。证书名称为"检定证书"。其封面内容包括:证书编号、页号和总页数,发出证书的单位名称,委托方或申请方单位名称,被检定计量器具名称、型号规格、制造厂、出厂编号,检定结论(应填写"合格"或在"合格"前冠以准确度等级),检定、核验、主管人员用墨水笔签名,检定日期:××××年××月××日,有效期至:××××年××月××日。

检定证书的内页中应包括:每页的页号和总页数,本次检定的原始记录号,本次检定依据的计量检定规程名称及编号,本次检定所使用的计量标准器具和配套设备的名称、型号、编号、检定或校准证书号(有效期)、技术特征(如准确度等级、量值的不确定度或最大允许误差),检定的地点(如本实验室或委托方现场),检定时的环境条件(如温度值、湿度值),检定规程规定的检定项目(如外观检查、各种计量特性、示值误差等)的结论和数据及其测量不确定度。如果检定过程中对被检定对象进行了调整或修理,应注明经过调修,并尽可能给出调修前后的检定结果。还应包括检定规程要求的其他内容。检定证书内容表达结束,应有终结标志。

2. 检定结果通知书

当检定结论为"不合格"时,所出具的证书的名称为"检定结果通知书"。其结论为"不合格"或"见检定结果",只给出检定日期,不给有效期,在检定结果中应指出不合格项。其他要求与"检定证书"相同。

证书经授权签字人签字后发出。鉴于授权签字人是证书所承担法律责任的主要责任人,因此应由具有较高理论和技术水平、责任心强、对本专业技术负责的人员承担。授权签字人只能签发本人熟悉的专业,并且是授权范围内的证书,对证书的正确性负责。

当已发布的证书需要修改时,可以两种方式进行修改:一种是追加文件;另一种是重新出具一份完整的新的证书。

证书是检定工作的结果,是承担法律责任的重要凭证,对发出的证书必须保留副本,以备需要时查阅。如发生伪造证书或篡改证书上的数据等违法行为时,将以证书副本为依据,对这些违法行为进行揭露和处理。

保留的证书副本必须与发出的证书完全一致,维持原样不得改变。证书副本要按规定妥善保管,便于检索。规定保存期,到期需办理批准手续,按规定统一销毁。证书副本可以是证书、报告原件的复印件,也可以保存在计算机的软件载体上。不论哪一种保存方式,都要遵守有关的证书副本保存规定。

七、计量检定人员的管理

《计量检定人员管理办法》于 2007 年 12 月经国家质检总局批准,并于 2008 年 5 月 1 日起施行。该办法旨在加强对在法定计量检定机构等技术机构中从事计量检定活动的计量检定人员的监督管理。针对现行规章的不足,完善了计量检定人员管理制度,细化了计量检定员的资格许可和行为规范,并明确了注册计量师可以在法定计量检定机构等技术机构中从事计量检定活动,实现了两种制度的对接。

计量检定人员享有下列权利:

1)在职责范围内依法从事计量检定活动;

2)依法使用计量检定设施,并获得相关技术文件;

3)参加本专业继续教育。

计量检定人员应当履行下列义务:

1)依照有关规定和计量检定规程开展计量检定活动,恪守职业道德;

2)保证计量检定数据和有关技术资料的真实完整;

3)正确保存、维护、使用计量基准和计量标准,使其保持良好的技术状况;

4)承担质量技术监督部门委托的与计量检定有关的任务;

5)保守在计量检定活动中所知悉的商业秘密和技术秘密。

计量检定人员不得有下列行为:

1)伪造、篡改数据、报告、证书或技术档案等资料;

2)违反计量检定规程开展计量检定;

3)使用未经考核合格的计量标准开展计量检定;

4)变造、倒卖、出租、出借或者以其他方式非法转让《计量检定员证》或《注册计量师注册证》。

违反上述规定,构成有关法律法规规定的违法行为的,依照有关法律法规规定追究相应责任;未构成有关法律法规规定的违法行为的,由县级以上地方质量技术监督部门予以警告,并处 1 千元以下罚款。

第三节　计量检定实例——便携式二氧化碳红外线分析仪的检定

一、便携式二氧化碳红外线分析仪的工作原理

二氧化碳是室内空气中的主要污染物,因此,其浓度是室内和公共场所检测的重要指标之一。当室内二氧化碳体积百分数达到 3% 时,人体呼吸程度加深;达到 4% 时,产生头晕、头痛、耳鸣、眼花、血压上升;达到 8%～10% 时,呼吸困难、脉搏加快、全身无力、肌肉由抽搐至疼挛、神智由兴奋至丧失;达到 30% 时,可能出现死亡现象。因此空气中室内二氧化碳浓度的高低可以反映有害气体的综合水平,确定室内空气中二氧化碳的浓度,是研究其对人体影响的必要条件。我国国家标准 GB/T17094－1997 中规定了室内空气中二氧化碳的浓度限值为 0.10%（小时平均值）。便携式二氧化碳红外线分析仪是检测室内二氧化碳的常用仪器。

便携式二氧化碳分析仪是根据比尔定律和气体对红外线的选择性吸收设计而成的。采用时间双光束系统,气体滤波及 InSb 半导体检测器。红外光源发出的红外线能量为 I_0,它通过一个长度为 l 的气室之后,能量变为 I_1,二氧化碳红外吸收关系示意图如图 4-1 所示。

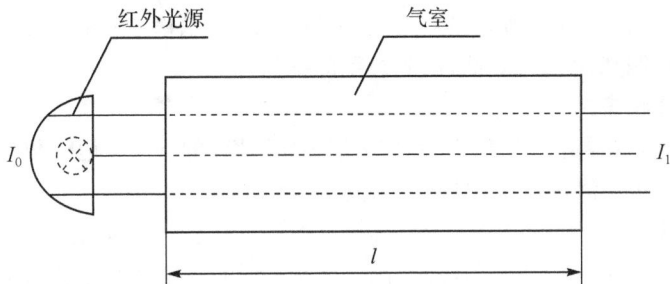

图 4-1　二氧化碳红外吸收关系示意图

如果气室中有吸收红外线能量的气体时,如二氧化碳,则能量 I_1 满足关系

$$I_1 = I_0 e^{-kcl}$$ (4-1)

式中：I_1——通过气室后的红外线能量;I_0——红外光源发出的红外线能量;k——气体的红外线吸收系数;c——被测定气体的浓度;l——气室的长度。

k 是气体吸收特性的一个系数,不同的气体 k 值不同。二氧化碳的特征吸收波长是 $4.26\mu m$,也就是说二氧化碳对 $4.26\mu m$ 的红外线能量有强烈的吸收,选定 $3.9\mu m$ 波长为参比波长,因为二氧化碳气体在这一区域不吸收红外线能量。

当气室长度 l 一定时,从式(4-1)可以看出,I_1 的大小仅与气体浓度有关,因此,测量出 I_1 的大小就可以测量出气体浓度的变化。

二、便携式二氧化碳红外线分析仪的检定

JJG 635－1999 详细规定了便携式二氧化碳红外分析仪的检定项目和方法以及计量要求。主要计量检定项目如下。

1.外观及通电检查

按规定的技术要求逐一进行,不得遗漏。

2.绝缘电阻测定

仪器处于非工作状态,将绝缘电阻表的一端接到电源插头的相、中联线上,另一端接到仪器的接地端,加 500 V 直流电压,持续 5 s 后测量仪器的绝缘电阻。

3.示值误差的检定

仪器在使用前要预热 2~5 min,校准好仪器零点后,关上泵开关,将仪器放到"测量"位置后,通入流量大约为 0.5 L/min 的标准气体,这时仪器示值上升,待数值稳定后,调节终点电位器,使指示值与标准气体值相吻合。仪器校准好零点、终点后,就可以进行正常测量了。由于仪器的型号、规格、种类各不相同,检定时应按照该型号的仪器使用说明书要求,在规定的流量下进行,且保持流量稳定,这样才能够得出真实、可靠的数据。

4.响应时间的检定

响应时间是仪器示值由零点达到检定时稳定示值的 90% 时所需的时间。选用仪器满量程 75% 的标准气体进行检定,如对满量程为 5 000 μmol/mol(即 0.5%)的仪器,通入 0.375% 的标准气体,仪器示值为 0.368%,0.368% × 90% = 0.331%,即仪器示值由零升至 0.331% 处所需的时间为响应时间。

测定响应时间时通气流量要稳定、均匀,每次仪器示值必须回零。

5.重复性的检定

在相同的环境条件下,用满量程 70%~90% 的标准气体对仪器进行 6 次测量,注意每次测量的流量要控制在同一大小,以获取稳定的数值。

6.零点漂移的检定

按照规程要求,仪器经预热稳定后,将示值调至量程的 5% 处记录数值,连续运行 4 h,每间隔 1 h 记录 1 次示值,取示值漂移最大值。

7.稳定度的检定

仪器连续运行 4 h,每隔 1 h 用满量程 70%~90% 的标准气体通入仪器并记录示值,取记录示值中的最大漂移值。

三、便携式二氧化碳红外线分析仪常见故障分析

1.泵不工作

仪器调零和测量时指示不变或变化很小,开泵后听不到泵的转动声,说明泵不工作,原因和排除方法如下:

1)泵开关接触不良,反复开关几次看是否接触好。

2)电池电压太低,需要给蓄电池充电。

3)检查过滤器的气管是否折成死弯使气路不通,或者过滤器两头被堵,可以通过更换滤纸或在滤纸中心扎一个小孔,也可少装一些硅胶都能使过滤器畅通。

2.灵敏度低

当仪器用标准气体进行校准时,终点电位器拧到头,指示值仍达不到标准气体的浓度,解决方法是:

1)检查过滤器中的碱石灰是否失效,如果失效说明仪器没有真正调零。

2）如果仪器在潮湿和污浊的环境中长期使用，没有及时更换脱脂棉和过滤器中硅胶，使气室污染，可以用无水酒精滴入气室内进行清洗，再开泵通入空气将酒精吹干。

由以上所述可以看出，对于具体产品的检定必须严格按照计量检定规程来执行。

第四节　计量比对

一、计量比对的概念

计量比对（简称比对），是指在规定条件下，对相同准确度等级或者规定不确定度范围内的同种计量基准、计量标准之间所复现的量值进行传递、比较、分析的过程。

目前，在国际上，这是保证计量器具量值统一的重要的，也是最常用的手段之一。

国际间的量值比较称为国际比对。关键比对是指由国际计量委员会的相关咨询委员会（CIPM/CC）选择、组织的一套比对，包括基本单位和导出单位的倍量、分量及人造标准物的比对。

在比对中，为提高比对工作效率，增加比对结果的可比性，对比对手段和比对方法的程序作出相应的规定是至关重要的。

为了为了确保计量基准、计量标准量值统一、准确、可靠，加强对计量比对工作的监督管理，2008年5月国家质检总局审议通过了《计量比对管理办法》，自2008年8月1日起施行。该办法体现了国家质检总局的管理和监督作用、体现了计量技术委员会的组织和控制作用、体现了主导实验室的技术主导作用，并强调各技术机构实验室参加比对的必要性。

自20世纪80年代以来，许多国家的计量部门为了考察计量量值的一致性，先后在质量、力值、压力、电压、电阻、温度等计量领域进行计量比对，其中包括双边比对和多边比对。1990年开始，国际计量委员会（CIPM）及国际计量局（BIPM）组织签署了各国计量院的量值和试验室互认协议（MRA）。实现该协议的基础是通过国际关键量值比对（KC）和辅助比对（SC），确认各国相应基标准的一致性及校准能力。到2005年4月21日为止，在BIPM的组织下，已完成494项关键比对和118项辅助比对。

与此同时，各国计量部门之间为了考察其校准结果的一致性，包括校准方法和数据处理的一致性，举行了若干双边和多边的校准比对，如力传感器、称重传感器的比对等。

自本世纪初以来，国家质检验总局组织中国计量科学研究院等技术机构的国家计量基准积极参与国际物理、化学关键量比对，组织各大区、部分省之间计量标准的量值比对，确保我国量值传递、溯源体系的计量数据与国际上保持一致，以适应我国加入WTO后经济全球化的发展对测量数据互认的需要。

二、比对在量值传递和溯源中的作用

1. 国际比对

首先，对于已建国际或国家计量标准之间的比对，它为国际量值的统一和实现国际互认协议的签订提供坚实的科学和技术基础。随着科技水平的不断提高，大多数产品和服务的技术复杂性显著增加；国际贸易迅速发展，国际间合作制造商品的运动蓬勃开展，贸易全球化的趋势不断增强,以及人们对健康、安全和环境的影响日益关注,都需要确保本国与其它国家计量标准之间的一致程度或等效度。当产品从一国销往另一国时,没有必要既在出口国又在进口国重复进行校准或检测。对校准或检测有效性的要求也就意味着对国家计量标准等效度的要求,因为标准或检测结果准确与否溯源于或依赖于国家计量标准。因此,通过国际上各国家计量标准之间的比对,确定并互相承认国家计量标准的等效度,进而承认各签署国家标准证书的有效性,从而逐步实现全球国家计量标准等效的理想,以促进世界各国之间经济的合作。

其次,很多导出单位的物理量或非物理量,国际上没有建立公认的国际计量基准。各国的计量基准的原理和结构往往是不完全相同的,在分析误差时,可能未将某些系统误差考虑进去,或者结构上出现缺陷而未被发觉,因此造成各国间的测量结果的不一致。为了谋求国际上测量结果的统一,经常组织国际比对是有效的途径。

这种国际比对,国际计量组织可以发起,各国的国家计量研究机构也可以发起。可以进行全球性比对,也可以进行区域性比对,甚至两国之间的比对。

2. 准确度旁证

当研制一台计量基准或计量标准或一种新的计量器具时,仅靠误差分析,确定其测量结果的不确定度,这不足以证明其误差分析是否合理和周全。当缺乏更高准确度的计量器具检定手段时,则必须借助于几种工作原理或结构不同的、准确度等级相同或相近的同类计量器具进行相互比对,旁证其计量性能,以便对相应的计量器具进行质量评价。

3. 临时统一量值

当某一个量尚未建立国家计量基准,而国内又有若干个单位持有同等级准确度的计量标准时,可用比对的方法临时统一国内量值。具体的作法与国际比对相似。若比对的计量标准的稳定性、复现性均很好,而且比对结果表明具有不大的系统误差时,则可采取这几台计量标准的平均值作为约定真值,以对每台计量标准给出修正值。这样,实质上就等于把参加比对的几台计量标准作为临时基准组了。

这里应注意的一点是,如这几台计量标准是同一制造厂生产的同一型号仪器,则比对结果往往发现不了其系统误差,因此不宜作为临时基准组。

4. 进行量值传递

对一些不便或不宜送检的计量器具,通常传递标准作为媒介,采用所谓的循回(巡回)比对的方式,通过"测量保证方案"进行量值传递。这种方式的优越性在于能从每个实验室的比对测试结果显示出相互的系统误差分量和随机误差分量。这不仅能给出有效的修正方法,而且便于寻找更合理和科学的量值传递方式。

三、比对的条件与分类

1. 比对应具备的条件

通常比对是在规定条件下进行。比对通常应具备组织者、参比实验室、主导实验室(一般在该领域中技术水平比较领先的实验室)、计量特性优良的传递标准(测量不确定度应小于被比对象,或同一量级但性能稳定)。

为了确定比对计量器具,尤其是计量基准、标准的量值之间的联系,必须对比对手段、比对方法的程序作出明确的规定。具体说来,这包括比对实验条件(其中包括环境条件和设备条件），依据的比对技术规范，其中包括有关规程或产品标准，比对器具的准确度等级，选择关键的比对物理量，比对参量、量程、关键测量点及有关影响量的量值范围等。选择的原则是既能涵盖计量器具的主要计量特性，又要限制其数量，不增加过重的测量负担。

如果比对采用传递标准作为媒介，则对传递标准应提出主要技术要求：如比对前，必须经法定计量检定机构检定后予以赋值（即比对参考值，其值应对参加比对单位封闭），其准确度等级一般应比被比对计量器具高或至少为相同准确度等级，而且其稳定度应足够好，对温度、振动等条件的适应能力要强。在传递过程中比对传递标准性能良好，不应该发生量值漂移和时间跃变，其结构牢固、不易损坏、有很好的包装并便于装卸、运输等。

在组织管理上，比对应有主持单位，全面负责比对工作事宜。这其中包括：制定比对工作计划，拟定比对技术方案和比对数据处理的有关技术文件或比对人员的培训等。

2. 比对的分类

按照涉及的国家范围，可以分为国际比对和国内比对。

按照比对对象之间的关系，通常比对分直接比对和间接比对。直接比对是指参加比对的对象可直接进行的比较测量。例如，同一个实验室的两台频率标准器间的直接比较测量属直接比对。间接比对是指必须通过"比对传递标准"或其它中间媒介物进行的二个或多个比对对象之间的比对。例如，在时间频率计量领域，利用一台经过检定的小型铯原子钟（或铷原子钟）作媒介，将它搬运到各个需要的用户那里分别进行比对，将比对数据进行处理可得到各地钟的钟差和频率差。这里的"搬运钟"实际上就是上面所说的"比对传递标准"。又如，利用电磁波信号、电视信号和卫星信号的接收比对实质上都属于间接比对的范畴。

按照比对目的的不同，可将计量比对分成两类——量值比对和检定/校准比对。量值比对的目的是考察基准/标准量值的一致性。如各国力基准/标准机产生的基准/标准力值的一致性；各国质量基准/标准的一致性等。检定/校准比对目的是考察不同检定/校准试验室出具的检定/校准证书的一致性。如标准测力仪的检定/校准比对；称重传感器的校准比对；电子计价秤型式评价试验能力比对；静态数字轨道衡检定/校准比对及铁路罐车容积检定/校准比对等。

四、比对方式

比对方式随比对的目的、条件等的不同而不同。比对规模可大可小，比对时间可长可短。具体操作由主导实验室根据实际情况自行选取。通常采用的比对方式有所谓的一字式、循环式、花瓣式和星式，如图 4-2 所示。图中 O 为主持单位；A、B、……、F 为其余的参加单位。如果比对采用 比对传递标准"，则箭头表示比对标准的传递方向。

为使比对客观、公正，除主持单位外，其余所有参加比对单位只按商定的比对程序要求进行测试，而不应知道其它比对单位的测试结果。整个比对过程，传递标准赋的值及所有比对（测试）结果除主持单位外，相互都应该是"封闭"的。

1. 一字式

由主持单位"O"将传递标准在本单位参加比对的计量仪器上进行校准，然后及时地将传递标准、校准数据和校准方式一并送到参加单位"A"。当传递标准操作需很仔细或较复杂时，"O"单位一般派人员到"A"单位，并与"A"单位操作人员一起工作，严格按照"O"单位的操作方法进行，得出校准数据。然后，"O"单位把传递标准运回，再次在本单位仪器上校

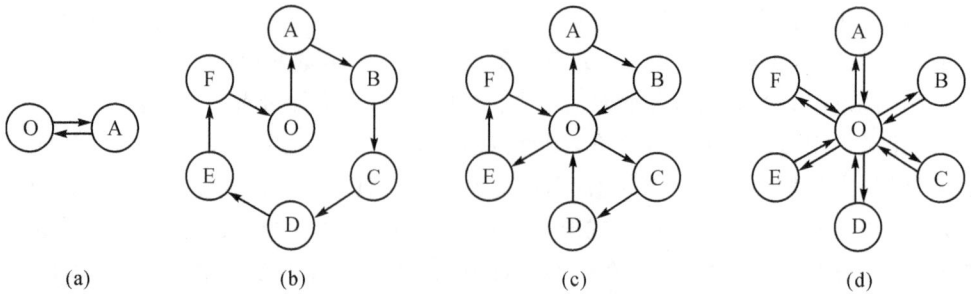

图 4-2　比对方式示意图

(a)一字式；(b)循环式；(c)花瓣式；(d)星式

准,以考察传递标准经过运输后示值是否发生变化。若变化在允许范围内,则比对有效,"O"单位可取前后两次的平均值作为"O"单位值,就可算出"O"、"A"两单位仪器的差异。若差异较大,两个单位可各自检查自己的仪器是否存在系统误差,若找到了,并采取了措施,又可进行第二轮比对。第二轮比对的顺序一般与第一轮相反,即由"A"单位派人员并携带传递标准去"O"单位,其余相同。

这是最基本的比对方式,国际上经常采用。

2.循环式

循环式比对往往适用于为数不多的单位参加,而且传递标准结构比较简单、便于搬运。一般主持单位不必派人去,只要把传递标准及校准的数据、方法寄到"A"单位。"A"单位将传递标准在本单位计量器具(或计量标准)校准后,把校准数据寄给"O"单位,而将传递标准及"O"单位校准的数据及方法寄到"B"单位。以下依此类推,最后传递标准返回到"O"单位时,"O"单位必须复检,以验证传递标准示值变化是否正常。

采用这种比对方式时,因为经过一圈循环,时间较长,比对结果中往往会引人由于传递标准的不稳定而引起的误差,而且传递标准经过多次装卸运输,损坏几率较高,往往会导致比对的失败。比对结果由主持单位整理,并寄发各参加单位,各参加单位不仅可知道与主持单位间的差值,也可知道与其他参加单位之间的间接差值。

3.花瓣式

即由三个小的环式所组成,需要三套传递标准,优点是可缩短比对周期。

4.星式

星式相当于五个一字式组成。主持单位需同时发出五套传递标准。星式的优点是比对周期短,即使某一个传递标准损坏,也只影响一个单位的比对结果。缺点是所需传递标准多,主持单位的工作量大。

各种比对方式,都存在一定的优缺点,可视具体情况而采用。

五、比对结果的评价和判别

比对数据处理的目的最终应该给出比对量的量值及其测量不确定度。当给出比对测量结果时,应说明该测量结果是示值、测量的平均值、已修正值或未修正值。如果有系统影响存在,通常应给予修正。

由于比对参考值往往不易确定,参考值的测量不确定度也不易评定,而各专业比对数据的统计和处理方法又不一样。因此,目前国际上常常是通过具体例子摸索经验,并指导其他项目,而不强求各专业之间在评价和判别方法上的一致。

对于实验室间有些测量仪器的比对,通常采取例如 En 比法,它可以是反映参比实验室测得值与主导实验室参考值之间变动性的一个标准化差值(与测得值、参考值的扩展不确定度有关)。当 En 比大于 1 时判为不通过,当 En 比小于或等于 1 时判为通过。

也可以采取其他的评价判别方法。一般来说,依据比对的目的,由主导实验室、参比实验室、比对组织者和专家组,结合该领域测量不确定度评定的现状而定。

六、国内计量比对及其实施

1. 国内比对的分类

国内计量比对包括:

1)经国家质检总局考核合格,并取得计量基准证书或者计量标准考核证书的计量基准或者计量标准量值的比对(简称国家计量比对);

2)经县级以上地方质量技术监督部门考核合格,并取得计量标准考核证书的计量标准量值的比对(地方计量比对)。

2. 国内比对的作用

国内计量器具量值比对的作用主要有:

1)比对是保证国内量值统一的有效工具;

2)比对反馈的信息可作为发现计量技术机构自身问题(包括机构管理、人员、检测方法和计量基、标准的问题)和量传系统中问题并进行处理的重要资料;

3)确定并监控参加比对的各检测机构进行某些特定检测和测量的能力,从而了解全国有关部门的计量标准资源配置。

3. 目前国内比对实施的基本程序

近年来,国家质检总局十分重视测量仪器的量值比对工作,每年计划列支专款开展相关领域的量值比对。具体组织立项工作,交由各相关专业计量技术委员会实施。中国实验室国家认可委员会也十分重视利用实验室间比对的能力验证工作。目前,向国家质检总局提出比对项目的基本程序是:

1)实验室提出比对项目的建议申请;

2)报相关专业计量技术委员会组织论证;

3)上报比对组织者——政府计量行政部门;

4)组织者确定项目、指定主导实验室,批转技术委员会;

5)技术委员会通知主导实验室按 JJF1117—2004《测量仪器比对规范》组织实施。

复习思考题

1. 什么叫计量检定？计量检定是通过什么途径进行的？
2. 计量检定有何特点？它是怎样分类的？
3. 计量检定人员有哪些权利和义务？
4. 什么是计量比对？它有什么作用？
5. 比对应具备的条件有哪些？
6. 比对有哪几种方式？

第五章　量值溯源

第一节　量值溯源的基本概念

我国传统的量值传递体系中主要强调量值的自上而下传递方式,对自下而上的量值溯源不够重视,存在以量值传递包含量值溯源的现象,在具体操作时则表现为计量检定一种形式。随着我国由计划经济向市场经济过渡,传统的、单一的检定传递方式已不能满足社会各个领域的溯源要求。

近年来,国际上广泛采用和推行的"校准溯源制度"在我国开始受到越来越多的重视,以校准方式来进行量值溯源开始进行,校准市场开始形成。但由于长期形成的量值传递与量值溯源不分、检定与校准不分的情况没有完全改观,我国的校准市场呈现较为混乱的局面。目前,华南地区的校准市场已初具规模。可以预料,校准将在我国的计量体系中发挥越来越重要的作用。

一、量值溯源的概念

1. 量值溯源的定义

量值溯源国际上通常称为溯源性。JJF1001－1998《通用计量术语及定义》中对溯源性的定义是:通过一条具有规定不确定度的不间断的比较链,使测量结果或测量标准的值能够与规定的参考标准,通常是与国家测量标准或国际测量标准联系起来的特性。

这条不间断的比较链称为"溯源链"。也就是说,任何一项测量业务,其结果都可以按照这条溯源链一直追溯到国家基准上去,若需要,则可溯源到国际基准上去,从而使测量的准确性和一致性得到技术保证。否则,量值出于多源或多头,必然会在技术上和管理上造成混乱。随着量子计量基准的建立与发展,基准仪器将会进一步简化,成本也会大幅降低,这样,将来有些基准有可能在基层实验室直接溯源。

2. 量值溯源的含义

量值溯源的含义包括如下几个方面:

1)量值溯源是计量器具通过连续不间断的各等级测量标准相比较的环节来实现的,比较可能是检定、校准、比对、测量、测试等形式。即量值溯源是通过溯源链实现的。目前实现量值溯源的最主要的技术手段是校准和检定。

2)量值溯源是由计量器具开始,将其测量结果自下而上的追溯到国家测量标准或国际测量标准。即量值溯源是不间断向上的计量单位量值的统一。

3)量值溯源的结果是保证计量器具的测量结果能够与参考标准,直到国家测量标准或国际测量标准联系起来。即量值溯源的证据,也是计量器具量值准确可靠的"可追溯性"证据。

4)量值溯源往往是计量器具使用、生产、经营的企业或单位自身的要求,希望获得准确的量值,并被认可。

由于溯源性的定义强调把测量结果与有关标准联系起来,因此它强调数据的溯源,从而体现数据的管理特征。溯源性反映了测量结果或计量标准量值的一种特性,也就是任何测量结果和计量标准的量值,最终必须与国家的或国际的计量基准联系起来,这样才能确保计量单位统一,量值准确可靠,才具有可比性、可重复性和可复现性,而其途径就是按比较链,向测量(计量基准)的追溯。

与量值传递相反,量值溯源是自下而上的过程,是非强制性的,往往是企业自愿的行为。由于比较链的存在,可以越级也可以逐级溯源,因此,企业可根据测量准确度的要求,自主地寻求具有较佳不确定度的参考标准进行测量设备的校准。

二、量值溯源的必要性

量值准确一致的前提是,测量结果必须具有溯源性,具有溯源性的被测量的量值必须具有能与国家计量基准或国际计量基准相联系的特性。要获得这种特性,就要求用以测量的计量器具必须经过具有适当准确度的计量标准的检定,而该计量标准又受到上一等级计量标准的检定,逐级往上追溯,直至国家计量基准或国际计量基准。由此可见,溯源性的概念是量值传递的逆过程。对社会大力进行溯源性的宣传教育,是使人们正确认识计量工作的重要环节。

对于新制的或修理后的计量器具,必须用适当等级的计量标准来确定其计量特性是否合格;对于使用中的计量器具,由于磨损、使用不当、维护不良、环境影响或零件、部件内在质量的变化等引起的计量器具的计量特性的变化,是否仍在允许范围之内,也必须用适当等级的计量标准来确定其示值和其他计量性能。

与量值传递相比,量值溯源要优越、灵活得多。目前的量值传递系统存在的诸多问题仅靠其自身是无法解决的,因此,必须建立量值溯源系统,以弥补量值传递的不足,实现量值的准确、可靠传递和溯源。

三、量值溯源的途径和方法

已认可机构可以通过多种途径直接或间接实现量值溯源,包括:

1)依据计量法规建立的内部最高计量标准(即参考标准,通常应取得计量标准器具核准的证明),通过使用校准实验室或法定计量检定机构所建立的适当等级的计量标准的校准或定期检定,溯源至国家计量基(标)准;获认可机构内部使用最高计量标准,需要时按照国家量值传递的要求实施向下传递,直至工作计量器具。

2)将工作计量器具送至被认可的校准实验室或法定计量检定机构,通过使用相应等级的社会公用计量标准进行定期计量检定或校准实现量值溯源。

3)将工作计量器具(需要时)按照国家量值溯源体系的要求溯源至本部门(本行业)的最

高计量标准,进而溯源至国家计量基(标)准。

4)必要时,工作计量器具的量值可直接溯源至工作基准、国家副计量基准或国家计量基准。

5)当已认可机构使用标准物质进行测量时,只要可能,标准物质必须追溯至 SI 测量单位或有证标准物质。

当溯源至国家计量基(标)准不可能或不适用时,则应溯源至公认实物标准,或通过比对试验、参加能力验证等途径提供证明。

量值溯源主要是通过校准来实现。

四、量值溯源与量值传递的主要区别

为了帮助读者更好地理解量值传递与量值溯源,有必要对这两个概念进行区分。

所谓"量值溯源",是指自下而上通过不间断的校准而构成溯源体系;而"量值传递",则是自上而下通过逐级检定而构成检定系统。它们之间的区别主要体现在以下几个方面。

(1)体现的意志不同

"量值传递"含有自上而下的意志,从"自上而下"的意志中可以体现出一种政府的意志,政府建立了从上到下的传递网络,直到企业使用的测量设备都在这个网络之内,因此,"量值传递"往往体现出政府的行为,有一种强制性的含意。

从"自下而上"的意志中可以体现出一种自发性,自觉地寻找"溯源",体现出企业的自身需要;而"溯源性"往往指企、事业行为,有一种非强制的特点。

无论是以市场经济为主的国家,还是以计划经济为主的国家,都存在"量值传递"和"溯源性"两种方式,使用这两种方式的场合不一样。在市场经济体制的国家,在对政府涉及社会关心的利益的行为时往往使用"量值传递"这个方式,而对企业行为时通常称之为"溯源"。在我国今后也将逐步与国际通行作法相一致,逐步对涉及企业的非强检行为也使用"溯源性"的概念。

(2)传递方式不同

在"量值传递"的方法中强调"通过对计量器具的检定或校准"这两种方式;而在"溯源性"的方法中是采用连续的"比较链"。由于"比较链"没有特别指出哪种方式,实际上是承认多种方式。目前世界上量值传递方式的改革向更多样化和增加深度、广度的方向发展。

量值溯源是一种自下而上追溯的自愿行为,可通过检定、校准、比对、测试等形式,将测量结果与计量基准相联系,以保证被测量值的统一和准确。它与我国传统的按照国家计量检定系统表,自上而下将计量基准复现的单位量值通过计量标准,工作计量器具逐级传递的法制行为相比要优越、灵活得多。但应该注意溯源的起点是测量结果或测量标准的值,终点是国家基准或国际基准。此外,量传是逐级传递,而溯源是自主行为,可根据需要和经济合理的原则在不间断的比较链中选择向上溯源的标准器,可以跨地区,跨国界进行。

(3)传递时所受限制不同

"量值传递"一般按等级传递。"溯源性"由于"比较链"的存在可以越级,也可以逐级溯源,因此"溯源"可以不受等级的限制,可根据用户自身的需要来决定。等级过细往往容易造成多次累计的不确定度,易损失准确度。

（4）强调的重点不同

从"溯源性"的定义中可以看出：强调把测量结果与有关标准联系起来；而"量值传递"的定义中强调传递到工作计量器具。因而溯源性强调数据的溯源，量值传递强调器具的传递。一个体现了数据管理的特征，一个体现了器具管理的特点。在某些新的溯源方式中就是直接将测量数据送到校准实验室中，而不用把器具送到校准实验室。

我国需要对现有的量值传递体系进行调整和完善，除了加强计量的法制管理外，还要补充工业企业需要的量值溯源的校准方式，以适应现代化工业发展的要求，并和国际通行做法相一致。比如采用计量器具 ABC 分类管理、实验室认可制度、计量保证方案（MAP）等。随着量传体制的改革，量值溯源越来越为人们所接受并广泛使用。

第二节　我国的量值溯源体系

一、我国的量值溯源体系

中国的量值溯源体系（见图 5-1）是基于《计量法》建立起来的。图中的国家计量基准、副计量基准、工作计量基准保存在中国计量科学研究院、中国测试技术研究院、国家标准物质研究中心及其他技术机构。现有国家专业计量站 18 个、计量分站 34 个，业务范围包括：高电压、轨道衡、铁路罐车、原油大流量、大容量、蒸汽流量、水大流量、海洋、纤维、纺织、矿山安全、通讯、气象、船舶舱容积、家用电器等。

中国合格评定国家认可委员会（英文缩写：CNAS）承认我国法定计量体系量值溯源的有效性。CNAS 承认 BIPM（国际计量局）框架下，签署 MRA（互认协议）并能证明可溯源至 SI 国际单位制的国家或经济体的最高计量基（标）准。目前我国已经建立了以中国计量科学研究院、中国测试技术研究院和国家标准物质研究中心为最高等级校准实验室的国家量值溯源网络，建立了国家计量基准和各个等级的工作计量标准，形成了完整的量值溯源系统。

境外已认可机构的量值应能溯源至 BIPM（国际计量局）框架下，签署 MRA（互认协议）并能证明可溯源至 SI 国际单位制的国家或经济体的最高计量基（标）准。CNAS 承认 APLAC（亚太实验室认可合作组织）、ILAC（国际实验室认可合作组织）多边承认协议成员所认可的校准实验室的量值溯源性。

当境内已认可机构的进口设备无法溯源到中国国家基准时，应提供有效的证明以证实其能够溯源至满足该要求的境外计量基准。

```
┌─────────────────────────────────┐
│        国家计量基准               │
│  ┌───────────────────────────┐  │
│  │      国家副计量基准         │  │
│  └───────────────────────────┘  │
│  ┌───────────────────────────┐  │
│  │      工作计量基准           │  │
│  │   (或国家社会公用标准)      │  │
│  └───────────────────────────┘  │
└─────────────────────────────────┘
```

社会公用计量标准 (国家专业计量站)
社会公用计量标准 (专业计量站)

社会公用计量标准(省级)
社会公用计量标准(市级)
社会公用计量标准(县级)

部门最高计量标准
部门计量标准

企业、事业单位最高计量标准
企业、事业单位计量标准

工作计量器具 (企业、事业、市场等)

被测量对象 (产品、样品、其他被测物体)

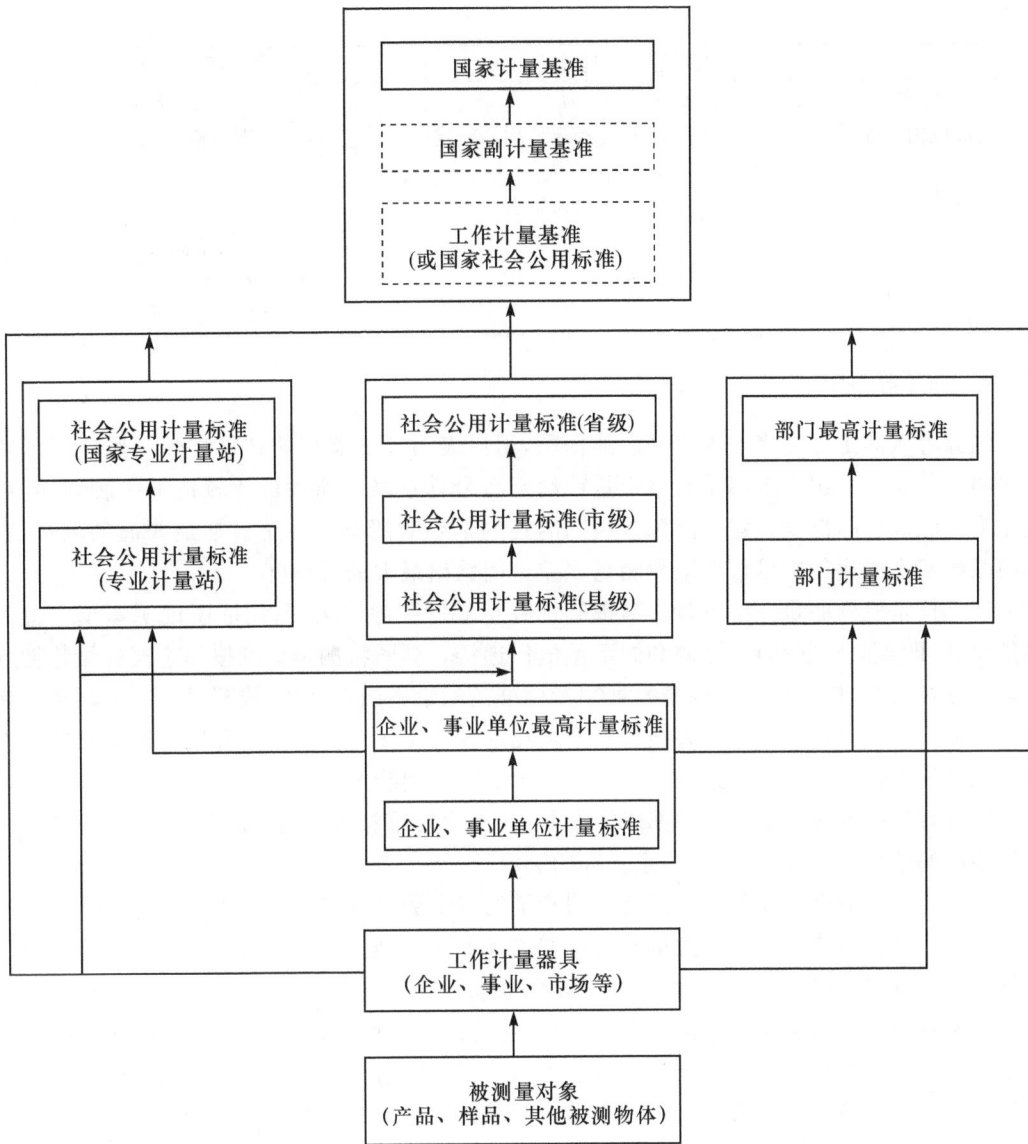

图 5-1　中国量值溯源体系图

二、国家量值传递体系和国家量值溯源体系特性比较

国家量值传递体系和国家量值溯源体系特性比较见表 5-1。

表 5-1　国家量值传递体系和国家量值溯源体系特性比较

	国家量值传递体系	国家量值溯源体系
目的	保证计量单位制的统一和量值的准确	
法律属性	强制性,属命令规范或强制规范	非强制性,属一般规范
方式	自上而下,传递	自下而上,溯源
手段	检定	校准
依据	检定系统(表)、检定规程	溯源链、校准规范或校准合同
资格(确认)	社会公用计量标准(建标、考核)	可溯源至国家基准(实验室认可)

	国家量值传递体系	国家量值溯源体系
对象	强制计量检定器具	非强制计量检定器具
组成机构及性质	法定计量检定机构(含授权机构),法定	计量校准机构,中介
产品	合格:检定证书 不合格:检定结果通知书	校准证书或校准报告
结论	合格与否	测量结果+不确定度 可赋予被测量以示值 可给出计量特性

三、溯源等级图

溯源等级图是一种代表等级顺序的框图,用以表明计量器具的计量特性与给定量的基准之间的关系。溯源等级图是对给定量或给定型号计量器具所用的比较链的一种说明,以此作为其溯源性的证据。建立溯源等级图的目的是要对所有的测量包括最普通的测量,在其溯源到基准的途径中尽可能减少测量误差又能给出最大的可信度。

计量技术机构的每一项测量标准都制定有相应的溯源等级图,用框图说明本单位最高测量标准(即参照标准)向上溯源和向下量值传递链。框图将测量标准按其主要计量特性分为多个测量层次,检定用测量标准与被测量标准的测量不确定度比,或测量标准的测量不确定度与被检工作测量器具的允许误差极限之比一般在 $1/3 \sim 1/10$ 之间确定。对于某些特殊的量在量值传递技术上难以达到时,可在 $1/2 \sim 1/3$ 之间确定。

对持有某一等级计量器具的部门或企业,其至少应该按溯源等级图明确其上一级标准器具特性的信息,才能实现其向国家基准的溯源。

一个被检测量标准或器具可以有不同参量的多个测量标准完成量值传递,同样,一个测量标准也可以量值传递到多种测量器具。如果参照标准或工作标准不能满足量传要求时,工作测量器具也可以跨级溯源,直到国家计量基准。

国家溯源等级图是在一个国家内,对给定量的计量器具有效性的一种溯源等级图,它包括推荐(或允许)的比较方法和手段。国家溯源等级图的第一级应为国家基准。在我国目前还是用国家计量检定系统表来代替国家溯源等级图。它是一种法定技术文件,由国务院计量行政部门组织制定,批准发布。

实际上,现有的计量检定系统表仅适用于目前尚属于检定范畴的、已经建立了国家基准的计量器具的量值传递。而大量进行校准的计量器具尚需要由国家计量行政部门进一步安排制定出国家溯源等级图。

四、溯源性证明文件

表明测量或计量的结果具有溯源性的证据或证明文件,通常应是如下几种之一:

1)所用的计量器具或测量标准每一台都应具有由有资格的计量技术机构定期检定或校准的证书,这种检定证书或校准证书能证明所用的测量标准具有适当的准确度,并在有效期内受控;

2)溯源到本领域国际公认的测量标准的证明文件;

3)溯源到适当的有证标准物质的证明文件;

4)溯源到经多方协商同意,并在文件中规定的协议测量标准的证明文件;

5)参加校准实验室间的比对或能力测试,溯源到比对结果平均值的证明文件;

6)用比例测量法或其他公认的方法来验证的证明文件。

上述各种溯源性证明文件,以符合要求的检定证书或校准证书最为有效和有力。这是在可以通过检定和校准来证明溯源性的情况必须具有的证明文件,即国内具有适当准确度的测量标准和国家测量标准。当不具备相应的国家测量标准,或国家测量标准不能满足量值溯源要求时,可采用其他几种证明文件之一,可以是报告,也可以是证书,以其证明溯源性保证。

五、比对测试结果的溯源性

比对测试结果作为一种测量结果,一般要求它应该是溯源的。因此,也应说明比对测试结果的溯源性。这里仅对那些在国内外尚未建立起计量基准的物理量来说是例外。说明比对结果的溯源性就要求说明比对测试结果或被比对的计量标准的量值是通过什么,以及它是如何与我国的国家计量基准或国际计量基准联系起来。

第三节　量值溯源的实施

一、量值溯源的要求

按照国家质检总局 2005 年发布的《实验室和检查机构资质认定管理办法》,实验室和检查机构在使用对检测校准的准确性产生影响的测量检测设备之前,应按照国家相关技术规范或者标准进行检定、校准。实验室和检查机构应确保其相关测量和校准结果能够溯源至国家基、标准,以确保结果的准确性。ISO/IEC17025：2005 也规定:用于检测和/或校准的对检测、校准和抽样结果的准确性或有效性有显著影响的所有设备(例如用于测量环境条件的设备),在投入使用前应进行校准。在《计量认证/审查认可评审准则》中规定:凡对检验准确性和有效性有影响的测量和检验仪器设备,在投入使用前必须进行校准和/或检定(验证)。

已认可机构应选择溯源体系图中适当等级的法定计量检定机构和校准实验室或满足该要求的校准实验室提供的校准服务。在 CNAS 有要求时,应能提供该法定计量检定机构或校准实验室校准能力的证明,如依据 ISO/IEC 17025 国际标准的认可证书及相应认可范围。

校准实验室提供的校准证书(报告)应提供溯源性的有关信息,包括不确定度及其包含因子的说明。已认可和申请认可机构应尽量确保从外部校准服务机构(包括法定计量机构和认可校准实验室)获得的校准/检定证书符合下列要求:

1)校准证书应在认可校准实验室认可范围以内,并具有量值溯源信息(如:上一级标准器的标识和检定或校准证书号),有具体的校准数据,有校准的技术依据,有测量不确定度及置信概率等信息。

2)检定证书应在实验室的授权范围以内,并具有量值溯源信息(如:上一级标准器的标识和检定或校准证书号),具有检定的技术依据(检定规程)和检定结果,在可能的情况下具有校准数据、测量不确定度及置信概率信息。

3)测试报告应在实验室的授权范围以内,并具有量值溯源信息(如:上一级标准器的标识和检定或校准证书号),具有测试的技术依据和测试结果,在可能的情况下具有测量不确定度及置信概率信息。

已认可机构对其测量设备进行自校准时,应符合国家有关的规定,并能证实其具备从事校准的能力。自校准的方法必须形成文件并经过评审和确认,校准结果必须加以记录,校准人员应经过必要的培训,并获得相应的资格。

二、量值溯源的保障

我国的《计量法》及与其配套的法规性文件,如检定系统表、检定规程(JJG)与计量技术规范(JJF)等,为量值溯源提供了法制保证和技术依据。组织上有一套计量行政机构和计量技术机构,这些机构在履行各自的职能、为社会各界提供计量技术服务和管理服务,已形成了一支计量专业服务队伍,从而确保国家计量单位制的统一和量值的准确可靠。技术上已形成科学的、严密的、先进的计量技术,并有完整的计量基础体系和计量标准体系,在中国计量科学研究院和中国测试技术研究院建立了门类齐全的计量基准、标准,并多次参加国际比对,实现了国际互认(MRA)。

计量设备校准是客户的自主行为,是量值的溯源,而我国长久以来大多采用的是量值传递,带有一定的法制要求,从法制计量的量值传递转变为自愿的量值溯源,必须加大对客户宣传和贯标的力度。

三、量值溯源的实施

1.确认量值溯源的仪器设备

凡是对检测/校准结果的准确性和有效性有影响的设备都应纳入需要量值溯源的范围内,不论用于测量过程的哪一环节,如抽(采)样、制样、分样、测量等。不论是主要设备还是辅助设备(如各类箱、锅、槽、室及其监控设备)。

2.制定检定/校准计划和程序

根据需要和可能为达到量值溯源的目的,制定实验室仪器设备的检定/校准计划,这一个计划不仅仅是一个送检、校计划,还要求根据对所测量结果的不确定要求和其他特定要求(设备特性、检测特征等),制定出到哪里去溯源,确认校准周期,是否需要期间核查;授权使用范围和操作人员,正常维护保养等一整套控制措施。

3.量值溯源的实现

除了按照量值溯源计划分别实施以实现量值溯源外,实验室至少还应知道:自身对校准的技术要求;会正确使用校准证书/报告,如修正值的正确使用;证书无数据时,应知道其"合格"的含义是在多大的允差范围,等级的误差范围有多大,以便在测量中正确应用。

4.量值溯源的后续工作

1)检定/校准之后应根据其结果对仪器设备做出标识识别和文件存档工作。

2)当校准产生一组修正因子时,应按 ISO/IEC17025 的要求,将这些修正因子在所有文件和场合得到更新,并得到控制和保护,以免发生失效。

3)必要时,通过期间核查、比对、能力验证等方式监控仪器设备,实现测量结果的质量保证。

第四节 标准物质的溯源性

如果是物理特性标准物质,通过一系列的仪器校准,通常可用适当的 SI 基本单位建立起溯源性。而化学成分标准物质建立溯源性是很困难的。在研制标准物质的任何一个过程或全部过程都是溯源链中的环节,带有自身的不确定度。在化学成分定值时大多数以质量分数或质量浓度来表示,而不是以摩尔表示物质的量。

标准物质的量值在测量系统中,通过给出的不确定度,即可了解标准物质量值传递的可靠程度。标准物质的量值在测量系统中,通过给出的不确定度,即可了解标准物质量值传递的可靠程度。

标准物质的研制,应从各工序,如均匀性的检验,测量结果的可靠性,定值的准确性以及稳定性层层把关,而标准物质的定值工作是直接建立标准值的,是溯源性的关键。

一、标准物质量值溯源的基本方式

标准物质可通过以下公认的基本方式实现量值溯源:

1)溯源至 SI 单位,如采用库仑基准方法为标准物质定值,其值可溯源至电流、时间等基本 SI 物理量及单位,这种通过基准方法进行的溯源是标准物质量值溯源的最高级别。

2)通过国际公认并准确定义的标准测量方法实现某一特定单位的复现,并使标准物质的特性量值溯源至严格按照该标准测量方法或根据该标准测量方法制定出的标准程序所得到的结果上,如传统标度 pH 标准物质的定值。

3)溯源至其他国际或国内公认的测量标准,包括有证标准物质,比较常见的是通过使用有证标准物质进行校准,来实现溯源。

二、我国标准物质的量值溯源及分级体系

根据标准物质量值溯源的级别,以及溯源过程中的计量学控制水平即计量学有效性的高低,标准物质可被分为有证标准物质(CRM)和有证标准物质以外的其他标准物质两个基本级别。前者主要用于量值溯源及测量方法确认,包括基准标准物质(Primary Reference Material,PRM),它是由基准方法定值的最高级别的有证标准物质,而后者则包括质控用、工作用标准物质等。同样,标准物质所提供的特性量值也被分为认定值(CRM 专有)和认定值以外的参考值、信息值等。在国际标准化组织/标准物质委员会(ISO/REMCO)给出的标准物质溯源体系图(如图 5-2 所示)中,对这种依据溯源性建立的标准物质分级体系进行了较为清晰的图示。

目前,我国将标准物质分为一级和二级两种,二者都需要经过国家计量行政审批,都是国家有证标准物质。我国标准物质的量值溯源及分级体系如图 5-3 所示。但其中的基准物质目前并没有单独的分级,而是列入一级标准物质中进行管理。

在具体的分级判定方面,一级标准物质采用绝对测量法或两种以上不同原理的准确可靠方法定值,若只有一种方法,可采用多个实验室合作定值,它的不确定度具有国内最高水平。二级标准物质采用与一级标准物质进行比较测量的方法或一级标准物质的定值方法定

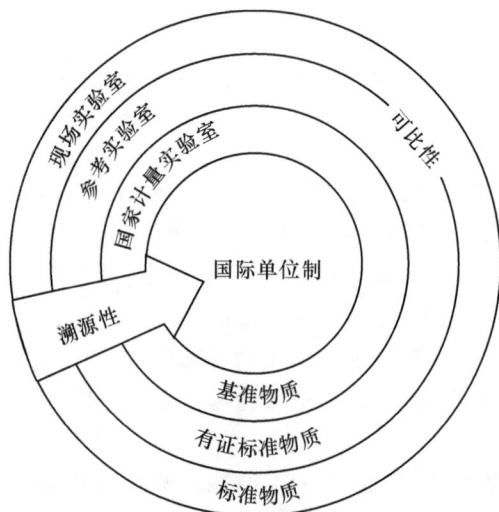

图 5-2　国际标准化组织/标准物质委员会标准物质溯源体系图

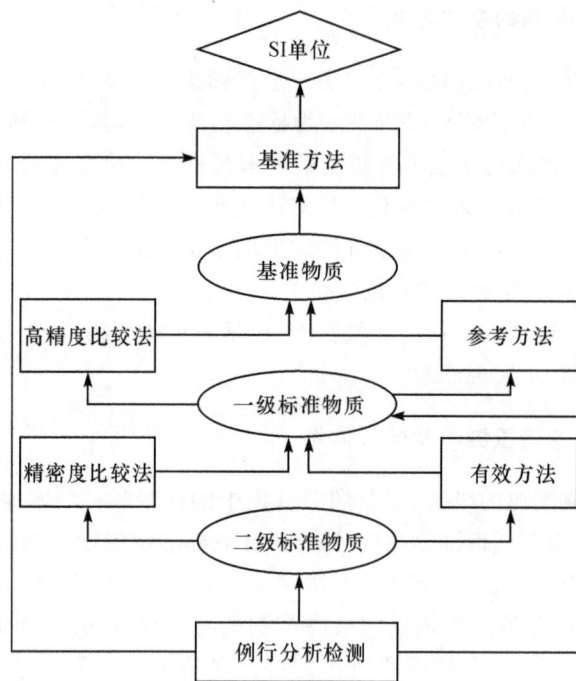

图 5-3　我国标准物质量值溯源及分级体系图

值,其不确定度和均匀性均未达到一级标准物质的水平,但能够满足一般测量的需要。在国家一级、二级标准物质的判定上,还有诸如有效期或是否已有同类同水平标准物质等方面的限定条件。此外,在标准化领域还存在国家标准样品。

标准物质的分级对于确保量值溯源和标准物质的正确使用具有重要意义。

三、标准物质定值结果的溯源性

标准物质研制的过程就是赋予标准物质准确量值溯源性的过程。如对标准物质研制单位进行计量认证,定期对测量仪器进行计量校准,对所采用的分析测量方法进行深入的研究,保证定值方法在理论和过程和样品处理过程所固有的系统误差和随机误差,例如样品溶解、消化、浓缩、分离、萃取、富集等过程中被测样品的沾污和损失,对测量样品不确定度的贡献。要考虑对测量过程中的基体效应等进行研究,选用具有可溯源的基准试剂,要有可靠的质量保证体系,这些都保证了标准物质定值结果的溯源性。

基准物质是可以通过基准装置、基本方法直接将量值溯源至国家基准的一类物质,它起着保持、复现和传递基准量值的作用。一级标准物质量值可通过高精密测量法直接溯源至基准物质,它们包括纯物质、固体、气体和水溶液的标准物质。二级标准物质是属现场分析的工作标准,它们可以通过比较方法与一级标准物质的比对分析来实现其二级标准物质的溯源性。

第五节　计量校准

一、校准的基本概念

1.校准的定义

JJF1001－1998《通用计量术语及定义》中对校准的定义为:在规定条件下,为确定测量仪器或测量系统所指示的量值,或实物量具或参考物质所代表的量值,与对应的由标准所复现的量值之间关系的一组操作。

该定义的含义是:1)在规定的条件下,用一个可参考的标准,对包括参考物质在内的测量器具的特性赋值,并确定其示值误差;2)将测量器具所指示或代表的量值,按照校准链,将其溯源到标准所复现的量值。

2.校准的目的

校准的目的是:

1)确定示值误差,并可确定是否在预期的允差范围之内;

2)得出标称值偏差的报告值,可调整测量器具或对示值加以修正;

3)给任何标尺标记赋值或确定其他特性值,给参考物质特性赋值;

4)确保测量器给出的量值准确,实现溯源性。

3.校准的依据

校准的依据是校准规范或校准方法,可作统一规定也可自行制定。校准的结果记录在校准证书或校准报告中,也可用校准因数或校准曲线等形式表示校准结果。

4.实施校准的优点

实施校准具有以下优点:

1)校准可以帮助建立产品生产的一致性

产品的生产通常是根据一组指标和规定的质量标准进行的。如果在生产过程中所使用的仪器和工具不能达到它们的指标,生产过程就不能连续地保持正常的功能。所以为了保证这些仪器和工具可以按照规定的指标正常工作,就必须对其进行定期的校准。

2)校准可以保证生产是可靠的和可以接受的

如果产品的生产是用经过校准的仪器或工具来进行的,就可以确信它们达到了所规定的指标。如果一个产品没能达到其指标,生产者就可确信它确实没有达到所期望的质量并将其废弃。如果用于生产的仪器没有经过校准,没有人能确信产品是否达到了它们的指标。

3)校准可以保证工业生产过程的一致性

当使用同样的过程,并且当仪器用可以溯源至国家或国际的标准进行了校准后,该产品可以在世界的任何地方进行复制生产。

4)校准可以使生产厂商对生产的产品的一致性进行文件档案记录。

生产的产品以及用经过校准的仪器和工具进行的指标测试的检验都包括在一致性的文件中,它可用来证明产品是符合标准的,这个文件对用户做了保证而不需对到货的产品进行检测,从而使产品更具有竞争力。

二、校准与检定的比较

实现量值溯源的最主要的技术手段是校准和检定。随着市场经济的发展,计量校准正逐渐被国内更多的用户所接受。校准在国内计量技术机构开展的计量活动中的比重正在逐步加大,已经作为一种新型的计量活动与检定相提并论。因此,正确认识校准与检定的关系,正确开展检定和校准活动,正确利用检定和校准结果,最终实现量值统一,保证社会生产活动的正常进行就显得尤为重要。

校准与检定既有联系,又有区别,如表5-2所示。

表5-2　校准与检定的比较

	序号	项目	检定	校准
不同点	1	目的	对测量器具的计量特性及技术要求进行全面评定	确定测量器具的示值误差
	2	依据	按法制程序审批的检定规程,分国家、地区、部门三种	校准规范、校准方法,或参照检定规程,可作统一规定,也可自行制定
	3	要求	对所检的测量仪器做出合格与否的结论	不判断测量器具合格与否,以满足顾客使用要求为准
	4	范围	强制检定和依法管理的计量器具	非强制检定的工作计量器具和专用测试设备
	5	证书	对检定合格的测量仪器发检定证书,不合格的测量仪器发检定结果通知书	校准证书或校准报告,报告中可给出示值误差,给示值赋值,也可确定示值的修正值、校准因子或校准曲线
	6	印章	计量检定专用章	校准专用章
	7	周期	不得超过规程的规定	按照顾客要求提出下次校准间隔的建议
	8	效力	具有法制性,属于计量管理范畴的执法行为	不具有法制性,是企业自愿溯源行为
	9	执行技术机构	法定计量检定机构	法定计量检定机构或经过国家认可的校准实验室
	10	比较链	按计量器具检定系统框图进行	在比较中产生的测量不确定度应该满足要求

续表

	序号	项目	检定	校准
不同点	11	测量不确定度的评定	一般不予提供	需要提供
	12	数据传递方式	量传/由上而下	溯源/由下而上
	13	非标准方法的合法化	不允许	双方可以对标准方法进行协商并使其合法化
	14	分包	不允许	允许
	15	区域管理	县级以上政府计量行政部门实施区域管理	不实施区域管理
	16	人员	取得计量检定员证,可进行考核合格专业项目的检定工作	取得计量检定员证,可进行考核合格专业或相似专业项目的检定工作
	17	背景	法制计量要求,计划经济体制下较多采用	技术计量要求,市场经济体制下较多采用
相同点	1	都是测量仪器的评定形式,确保仪器示值正确。		
	2	都是实现单位统一、量值准确可靠的活动,即都属于计量范畴。		
	3	在大多数情况下,两者都是按照相同的测量程序进行的。		

计量检定和校准是评定计量器具计量性能的两种基本方式。虽然《计量法》将计量检定划分为强制检定和非强制检定两类,但从现实情况和发展趋势来看,非强制检定的特性已经越来越接近校准。

从国际上多数国家看,检定是属于法制计量范畴,其对象主要是强制检定的计量器具,而大量的非强制检定的计量器具,为确保其准确可靠,为使其测量结果具有溯源性,一般通过校准进行管理。因而,校准是实现量值统一和准确可靠的重要途径。实际上,校准一直起着这个作用,只是在我国没有明确地确定它在量值传递及量值溯源中的地位,而一直由政府统一管理,实施单一的量值传递体系,仅仅采用检定作为惟一合法的方式,这已不适应目前经济和技术发展的需要。此外,根据校准的定义,它可以直观地理解为是确定示值误差及其他计量特性的一组操作,所以在实施检定的计量性能检查中就包含着校准。了解检定与校准的区别及其相互关系,有利于实现我国的量传体制改革及开放校准市场。

随着市场经济和技术的快速发展,校准以其灵活多样的技术依据和分包方式等特点已经逐渐被接受。同时,随着实验室认可工作的开展,由于国际实验室认可准则中,为了解决溯源性,强调校准,特别是国际上校准实验室的认可和互认的开展,校准的作用日益重要。在加强检定法制建设的同时,校准开始成为实现单位统一和量值准确可靠的主要方式,以往以检定取代校准的现象正在扭转。一个经过检定不合格的计量器具经过校准后只要能够满足使用要求是完全可以使用的。凡正式通过国家实验室认可(CNAS)的实验室都可以对外开展检测和校准工作,校准结果能获得与CNAS签署互认协议国家和地区实验室认可机构的承认,有利于消除非关税贸易壁垒,促进工业、技术、贸易的发展。

三、校准与计量确认

1.计量确认的概念

计量确认是为确保测量设备处于满足预期使用要求的状态所需要的一组操作。从定义可知,计量确认的前提是已经明确预期的使用要求,是根据测量设备的使用目的,在测量设备的使用要求已经明确的基础上进行的活动。通过计量确认,可以确定该测量设备是否符合预期的使用要求。而为了实现这个判断,计量确认包括校准和计量验证两个部分(如图5-4所示)。

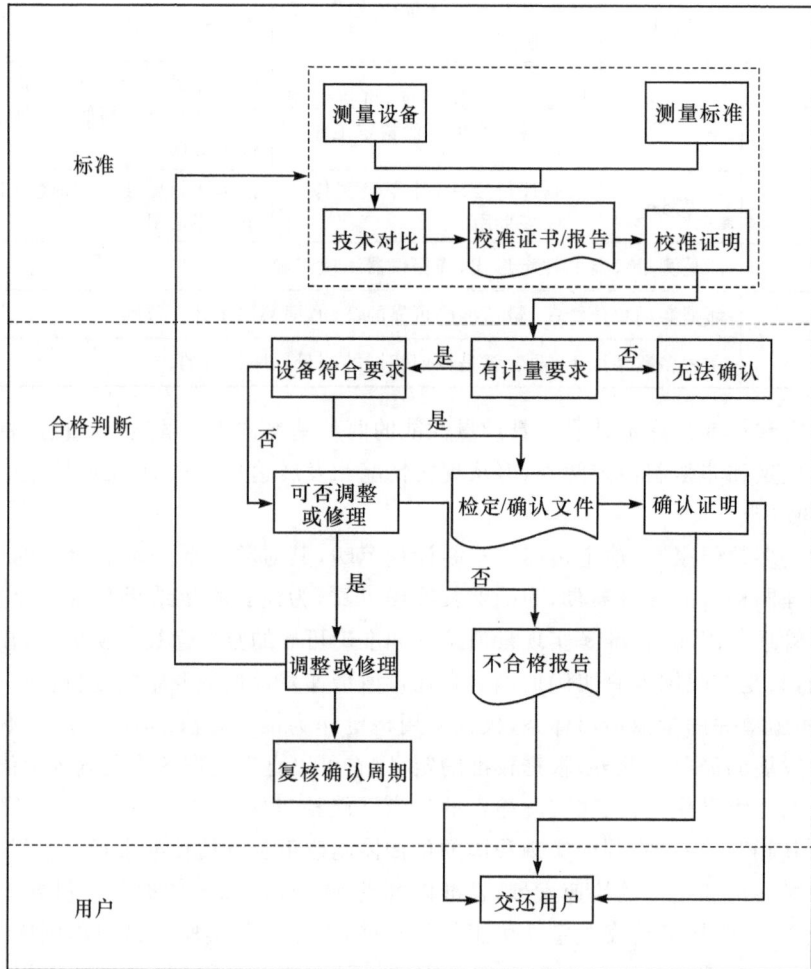

图 5-4　计量确认过程

2.校准与计量确认的关系

由图5-4可以看出,校准是计量确认中的一个部分,是计量确认的第一个阶段。校准将测量设备与测量标准进行技术比较,目的是确定测量设备示值误差的大小。同时,校准通过测量标准将测量设备的量值与整个量值溯源体系相联系,使测量设备的量值具有溯源性。

计量验证是计量确认的第二个阶段,通常包括使用校准结果与计量要求进行比较,判定该测量设备是否符合预期的使用要求。当校准结果表明测量设备准确度不满足计量要求时,进行必要的调整或维修及随后的再校准;而当测量设备的准确度满足设备预期使用的计量要求时,出具计量确认报告或文件,按照要求进行适当的标识,如进行封印和(或)贴标签。

因此,校准是计量确认的技术基础,计量验证是将校准结果与计量要求比较的过程。计量要求与测量设备的预期使用目的有关。明确的计量要求与合理的校准结果进行比较,才能完成计量确认,确定该测量设备是否适合用于特定的应用。从这个意义上说,校准则不需要判断是否合格。尤其是对于为社会提供服务的校准机构,其客户千差万别,同样的仪器用在不同场合,计量要求就会不同,校准机构无法按照统一的要求进行合格性判断。但是,当用户明确告知使用目的,或给出了计量要求时,校准机构就可以根据已知的计量要求或相关标准判断被校测量设备合格与否。这个判断是协助企业完成计量验证工作,包含了合格性判断的校准证书,具有计量确认报告的功能。

3. 校准与计量确认的应用

为了保证测量设备的计量确认,用户必须通过生产过程管理和测量过程管理,提出测量设备的计量要求。委托有能力的实验室进行计量校准,获得具有足够准确度的校准结果。校准实验室声称的校准测量能力是用户选择实验室的依据,校准报告中的测量不确定度是用户对测量设备进行计量确认,使用测量设备时评估测量结果不确定度的重要依据。因此,校准必须给出测量不确定度。

受传统的影响,少数测量设备用户不分析自己的计量需求,将测量设备按照检定规程送检,拿到检定证书后即投入使用;或者将测量设备送校后,不进行计量验证,往往造成超差仪器的误用,影响产品的质量。这些现象说明用户没有掌握计量概念,无法通过计量活动保证产品质量,其质量活动是失控的。

四、校准规范

1. 校准规范及其内容

校准规范是经过特定组织制定并批准颁布,在一定范围内施行,作为校准时依据的技术文件。因此校准规范必须定义下列内容:

1)适用范围:明确校准规范所适用的被校准测量设备;

2)描述测量设备测量能力的计量特性;

3)校准各计量特性使用的参考标准;

4)标准的值;

5)校准条件;

6)校准方法和程序:如何操作(获得被校值、数据处理、结果处理)。

通过这些内容的定义,我们才能确定:

1)该规范是否适用于某个特定的测量设备;

2)通过哪些计量特性评价该测量设备的测量性能;

3)这些计量特性的具体含义。

校准规范规定的内容,主要是为了保证不同实验室的校准结果具有可比性。

2. 校准规范的编制

编制校准规范应执行JJF1071-2000《国家计量校准规范编写规则》。

(1)在范围和概述中定义被校准仪器

在校准规范的范围部分,指明哪种测量设备的校准可以使用本规范,有时还要增加其他限制条件,例如测量范围和特定功能的限制。

范围中规定的测量设备不是指一个特定型号的测量设备,而是针对同一类仪器或系统。这种测量设备的具体特点和应用应该在概述中简单描述,并可以通过典型仪器进行说明。说明时主要针对仪器的计量原理和特点,而不是仪器的结构。

同一类测量设备指设备的测量原理相同、基本组成相同、被校参数相同、数据处理方法相同。其差别一般不是关键性的,例如游标卡尺与数显卡尺,只是输出方式不同;百分表和千分表,只是放大倍数和准确度不同。

(2)规定计量特性和校准方法

任何测量设备的计量特性,最关键的是示值的准确度。对于定值标准器,校准结果是其示值;对于多值测量设备,校准结果是其示值误差的变化范围,或对最大允许示值误差的验证。

由于使用环境中或测量设备本身的一些因素可能对仪器示值产生影响,需要确定这些因素造成的仪器示值变化范围——仪器的示值重复性。

由于示值的规定和测量设备使用中复现值之间可能存在差异,例如量块示值的定义为其中心长度,而使用时使用位置可能偏离量块测量面的中心。因此,校准中还需要确定其他可能的影响量对示值的影响。

对于每个计量特性,评价时使用的标准器、测量方法(如测量的点数和次序),可能造成计量特性评定结果的差异。为了减小这个差异,校准规范必须明确规定测量方法和测量程序。

统一校准参数和含义的目的是为了保证测量设备的量值统一。

(3)测量不确定度评估示例

校准规范编制应该提供一个测量不确定度评估示例。通过该示例,为校准规范的使用者提供不确定度来源的参考。

示例中应包含被校仪器计量特性的典型计量要求,符合该校准规范规定的标准仪器,测量过程和数据处理过程的简单描述。

示例中应列出可能影响校准结果不确定度的主要不确定度来源,包括测量环境、测量设备的参考标准器、测量设备、附件的选择、软件和计算、测量人员、测量设备的特性、测量设备特性的定义、测量程序、物理常数和换算因子。

针对被校计量特性的计量要求,确定相应的测量条件和设备等条件,分析不确定度以确定这些规定可以满足校准过程的准确度要求。

(4)试验报告

试验报告是验证上述不确定度分析的试验结果报告。试验中采用了不确定度评估示例中使用的各种条件,试验结果与标准结果比较,证明上述分析是正确的。

通过测量不确定度分析示例和试验报告,可以提供一个典型的校准过程控制范例,供校准规范审定者进行分析,也可以供校准规范使用者参考。校准规范的使用者并不需要完全按照示例装备实验室,但可以参考示例对自己的实验室校准能力进行评估。

3.校准规范的执行

正确执行校准规范的目的是保证校准结果符合规范规定,减小测量原理造成的校准实验室间量值差异。

正确执行校准规范包括了解被校测量设备。编制校准规范时,考虑到通用性,可能对同类测量设备的各种功能加以考虑,规定的参数可能多于某台特定测量设备的需要。校准时,首先需要确定校准规范中适用于被校测量设备的计量特性。

校准规范中规定的计量特性取舍不是随意的。评定的计量特性必须覆盖被校测量设备的使用要求。

选择可以产生规定量值的计量标准,控制相关的测量条件,按照规定程序进行校准测量。

校准规范主要保证校准参数一致且不出现歧义,而对于校准中各种不确定度来源的控制不进行详细规定。因此,各实验室应该根据本实验室的目标不确定度配备标准设备和设施,控制各种不确定度来源的大小。

由于上述原因,各校准实验室应该起草作业指导书,规定本实验室的目标不确定度,以及配备的校准设备和设施、各种不确定度来源的控制要求等。当校准规范中规定的校准程序还不够详细时,实验室可以根据配备的设备,对校准程序的细节作进一步的规定。

复习思考题

1. 什么叫量值溯源?为什么要进行量值溯源?量值溯源是通过什么途径进行的?
2. 量值溯源与量值传递有何区别?
3. 我国的量值溯源体系是怎样的?
4. 什么是计量校准?它与计量检定有何区别?
5. 简述标准物质量值溯源的基本方式。
6. 校准与计量确认有何关系?

第六章　实验室能力考核

第一节　概　述

一、从事计量工作的实验室

根据国际标准化组织(ISO)与国际电工委员会(IEC)的有关规定,实验室一般包括校准实验室、检验实验室或测试实验室。

如前所述,校准是指"在规定条件下,确定测量仪器、测量系统的示值或实物量具所代表的值与相对的被测量的已知值之间关系的一组操作"。从事校准工作的实验室就是校准实验室。所谓检验是指:"按照规定的程序,为了确定给定的产品、材料、设备、生物体、物理现象、工艺过程或服务的一种或多种特性或性能的技术操作"。从事检验工作的实验室就是检验实验室。

中国的检验市场形成于传统的科研体制下,很多检测/校准实验室都依附于计划经济时代成立的大型科研院所。在没有质量技术监督局以前,科研院所里的检测/校准实验室是检测/校准行业的主导,国家级检测/检定机构大多设立在行业科研院所里。20世纪80年代以后,随着《计量法》、《标准化法》、《质量法》的相继出台,各地统一成立了质量技术监督局及相应的技术机构(计量、检测、纤维检验等),质量技术监督队伍逐步壮大起来。以省级和副省级市、计划单列市质检机构、计量检定/校准机构为代表的技术监督系统质检/检定/校准实验室飞速发展,朝着建设"四个一流"(即"一流的设备、一流的人才、一流的管理服务、一流的效益")的目标快速发展。这其中,有一些优秀的检测/校准实验室,如深圳计量质量检测研究院、上海计量院、广东省质检中心(国家质量技术监督局广州电气安全检验所)、浙江省质量技术监督检测研究院(浙江方圆检测集团)等,已经具有与像SGS那样的国际知名机构竞争的实力。

二、实验室能力要求及其考核

检定、校准实验室在现代质量体系中发挥着日益广泛的作用。为了保证检测、校准实验室所出具检验数据的准确性、可靠性和公正性,国家结合了 ISO 9001 和 ISO 9002 中与实验室质量体系所覆盖的检测和校准服务范围有关的所有要求,颁布了 GB/T 15481—2000《检测和校准实验室能力的通用要求》新标准,2008 年 5 月 8 日发布 GB/T 27025－2008 ISO

IEC 17025 2005 代替 GB/T 15481—2000。

该标准规定了实验室从事检测和(或)校准的能力(包括抽样能力)的通用要求。这些检测和校准包括应用标准方法、非标准方法和实验室制定方法进行的检测和校准。适用于所有从事检测和(或)校准的组织,包括诸如第一方、第二方和第三方实验室,以及将检测和(或)校准作为检查和产品认证工作一部分的实验室。

标准的第 4 章规定了健全管理的要求,第 5 章规定了从事检测和(或)校准的实验室的技术能力要求。

我国原来有 4 种检测、校准实验室能力的考核方法:法定计量检定机构考核、实验室认可、质检机构计量认证、产品质检机构审查认可。它们均可以对实验室能力进行考核,且都必须建立完整的质量体系。2006 年 2 月 21 日,国家认证认可监督管理委员会通过国家质检总局第 86 号局长令,发布了《实验室和检查机构资质认定管理办法》(以下简称《办法》),把实施了 20 年的计量认证和审查认可两项行政审批制度统称为资质认定。

第二节　法定计量检定机构考核

一、法定计量检定机构考核制度

法定计量检定机构考核是政府计量行政部门对其依法设置或授权建立的计量检定技术机构进行的全面考核。

机构考核的宗旨:政府计量行政部门为了加强对法定计量检定机构的管理,确保其为国民经济、社会发展和计量监督依法提供公正、准确、可靠并具有法律效力的计量检定和检测结果;有利于法定计量检定机构在全面贯彻国家计量法律、法规的前提下,按国际通行的方式,加强对计量检定机构的管理,提高现代化科学管理水平;有利于促进我国法定计量检定机构的测量结果和计量器具型式批准证书实现与其他国家的相互承认。按照《法定计量检定机构考核规范》,定期对法定计量检定机构进行考核评定,目的旨在提高法定计量检定机构的管理水平和技术能力。

机构考核的性质:法定计量检定机构考核是针对国家法制计量实验室,为建立全球测量体系,最终实现各国政府间多边互认进行的审查考核,它是具有强制要求的行为。

机构考核的对象:政府计量行政部门依法设置和授权建立的技术机构。

主要考核的依据:JJF1069－2007《法定计量检定机构考核规范》(以下简称"考核规范")。

机构考核的结果:经考核核准的项目可开展计量检定/检测/校准。

机构考核的应用范围:由于要求机构开展计量检定和校准的技术依据是现行计量检定规程或计量校准规范,则可认为对法制计量项目通用,通过考核的机构,可在其核准开展项目的证书报告上使用计量检定/检测/校准专用章。

机构考核的组织部门:国家质检总局安排部署授权组织部门。对省级以上机构,国家质检总局委托中国计量科学研究院以国家质检总局考核办名义组织考核。

考核周期:5 年。周期范围内进行适当的监督评审或扩项评审考核。5 年到期进行复评审。

二、机构考核产生的背景

为保证国家计量单位制的统一和量值的准确可靠,《计量法》对各级社会公用计量标准和部门、企事业单位的最高计量标准器的管理作出了明确的规定,并建立了"计量标准器考核制度"。

计量标准器考核的内容主要包括以下四个方面:

1)计量标准设备配套齐全,技术状况良好,并经主持考核的有关政府计量行政部门制定的计量检定机构检定合格;

2)具有计量标准正常工作所需要的环境条件和工作场所;

3)计量检定人员应取得所从事的检定项目的计量检定员证件;

4)具有完善的管理制度。

贯彻《计量法》的多年实践表明,该考核制度是国家管理量值传递,保证全国计量单位制统一和量值准确可靠的有效制度。经考核合格的计量标准取得《计量标准合格证书》,确立了相应的法律地位,确保了量值的准确可靠,在量值传递和溯源过程中起到了承上启下的作用。经考核合格的计量标准如果同时取得了《社会公用计量标准证书》,即明确了计量标准所承担传递的范围是向社会量值传递。计量标准考核制度对促进计量检定实验室的建设,提高计量检定人员的素质,加强计量标准的规范化管理,起到了较好的促进作用。

但是,计量标准考核制度毕竟只是一个对标准的单项管理制度,在综合考核法定计量检定机构的整体素质,全面加强法制化、科学化、系统化和规范化的管理方面,存在明显的局限性。在此背景下,产生了法定计量检定机构考核。

原国家质量技术监督局于 1999 年组织制定了法定计量检定机构考核规范,并于次年出版,即 JJF1069-2000;根据国家相关政策法规的变化,国家质检总局又组织对考核规范进行了修订,即 JJF1069- 2003(修订);由于 ISO/IEC17025 的变更,使考核规范相关规定受到影响,因此,国家质检总局又组织对考核规范作了进一步的修改,即现行版 JJF1069-2007(修订),以此作为我国法定计量检定机构的考核准则。通过历年来法定计量检定机构的考核的实践充分证明,计量标准考核制度是法定计量检定机构考核制度的前提和基础,而法定计量检定机构的考核制度则是计量标准考核制度的延伸和发展。

三、法定计量检定机构考核的特点

1.考核规范采用质量管理十项原则

考核规范在全面采用 ISO9000 质量管理八项原则的基础上,针对法定计量检定机构的法制特点,增加了"以法制为基础"和"以公正性为基石"的两项原则,即构成了质量管理十项原则。

(1)以法律为基础

依法建立机构,依法履行职责,依法规范行为,依法承担责任。计量法律、法规是法定计量检定机构存在的前提,是各项活动的重要依据,是区别于其他技术机构的主要特征,也是考核规范的基础。

(2)以公正性为基石

公正性是机构各项行为的重要准则,是其社会价值的重要体现,是质量保证的基础。法定计量检定机构的公正性是其法制性的必然要求,也是其社会存在的价值基础。机构公正性地位的确立,既是由其自身的性质所决定,更需要依靠自身的管理和行为规范来保证。机构要保证其公正性必须确保其组织结构的独立性(保证判断的独立性)、经济利益的无关性(不以盈利为目的)以及人员的良好思想素质和职业道德。

2.JJF1069 法定计量检定机构考核文本中特点的体现

JJF1069－2007 文本中增加了有关法制计量要求的内容。

JJF1069－2007 全面满足 ISO/IEC17025:2005,由于 ISO/IEC17025 标准适用的面比较广,因此该标准中对检测和校准实验室提出的要求只能是最通用和最基本的要求,尤其是标准中没有涉及对实验室有关法制和安全方面的要求。

《法定计量检定机构考核规范》是专门针对法定计量检定机构的,因此在要求的内容中不仅包括了 ISO/IEC17025:2005 标准的全部要求,而且还增加了我国《计量法》律、法规对法定计量检定机构的全部要求,以及国际法制计量组织对法制计量实验室的全部要求。

3.考核规范与 ISO/IEC17025 的比较

考核规范是在 ISO/IEC17025:2005 标准的基础上,针对法定计量检定机构的具体情况制定的,两者既相互联系,又有所区别。

相互联系表现为考核规范是以 ISO/IEC17025 为基础,因此在内容上覆盖了标准对校准和检测实验室的全部要求。

区别主要表现在以下几个方面:

1)性质不同。ISO/IEC17025:2005 转化为国家标准后将替代 GB/T15481 － 2000 国家推荐性标准,由实验室自愿采用;而考核规范属于国家计量技术规范,法定计量检定机构必须执行。

2)适应对象不同。ISO/IEC17025:2005 适用于所有校准和检测实验室,而考核规范是针对法定计量检定机构这一特定的对象制定的,因此在性质、适用范围、评价程序和评价结果上与 ISO/IEC17025:2005 有所区别。

3)要求内容不同。ISO/IEC17025:2005 是通用基本要求,不包括实验室应符合的法制和安全要求,其重点是实验室检测和校准能力的基本要求;而考核规范包括了国家计量法律法规对计量检定机构的法制要求,其重点不仅是能力的要求,更重要的是要求法定计量检定机构能够通过有效的过程管理,持续地提供准确可靠的检定、校准和检测结果。

4)结构不同。ISO/IEC17025:2005 中有关管理的要求虽然是按照 ISO9000－2000 版本的要求制定的,但是其结构仍然是按要素的形式展开的;考核规范是按照 ISO9000－2000 版本的要求制定的,并全面采用了质量管理的八项原则,其结构按照过程模式展开,并在具体内容上作了调整和补充。

5)评价程序不同。在按 ISO/IEC17025:2005 进行实验室认可时,技术要求的审核与管理要求的审核是同步进行的;而对法定计量检定机构的考核,是在机构的计量检定人员和计量标准器通过考核,并取得相应的资格的前提下进行的考核。

6)评价的结果不同。按 ISO/IEC17025:2005 进行的实验室认可,其结果是对实验室校准和检测能力的认可;而按考核规范进行的法定计量检定机构的考核其结果是对其所承担的任务的授权。

四、机构考核的主要内容、范围及其考核程序

机构考核是指对法定计量检定机构取得政府计量行政部门授权进行量值传递、量值溯源、商品量检测和计量器具型式评价等任务所必须满足的要求,以及对法定计量检定机构考核的程序和考核结果评价的方法。

考核规范适用于政府计量行政部门对法定计量检定机构的考核和监督检查,并适用于对申请承担检定、商品量检测和计量器具型式评价等工作任务的其他计量技术机构的授权考核和监督检查。主要考核内容:

1)组织与管理:法律地位、法律责任、基本要求;

2)管理体系:管理职责、体系文件、文件控制、记录控制、管理评审;

3)资源配置与管理:人员、实施和环境条件、测量设备;

4)检定、校准和检测的实施:检定校准和检测的策划、与顾客有关的过程、服务和供应品的采购、校准和检测工作的分包、量值溯源、抽样、检定、校准和检测物品的处置、检定、校准和检测的质量保证、原始记录和数据处理、结果报告;

5)体系改进:不合格工作的控制、顾客满意和抱怨、内部审核、纠正措施、预防措施;

6)能力验证与其他比对:能力验证和其他比对的组织、能力验证和其他比对的参与等。

考核规范中对考核程序作出了明确规定,考核程序包括考核申请、考核准备、考核实施、考核报告和纠正措施的验证五个环节。五个环节缺一不可,构成了一个完整的考核过程。

第三节 实验室认可

一、实验室认可的概念

实验室认可(1aboratory accreditation)定义为:"由权威机构对检测/校准实验室及其人员有能力进行特定类型的检测/校准做出正式承认的程序。"目前,我国的实验室认可机构是中国合格评定国家认可委员会(CNAS),认可依据是 CNAS－CL01:2006《检测和校准的实验室的认可准则》,等同采用 ISO/IEC17025:2005,ISO/IEC17025:2005 这个全球公认的用来评审实验室的国际标准,包含管理要求和技术要求,并对实验室日常运作中的各个关键环节提出了控制要求。

ISO/IEC17025 认可的侧重点,是使实验室形成进行特定项目检测和校准的技术能力。由于认可实验室可进行特定类型的检测/校准,设定检测项目时可根据实验室的情况或多或少具有更大的灵活性。

从国际实验室认可活动性质来看,认可本身是一种中介评价行为,对实验室而言是一种自愿活动,但其权威性体现在政府部门、社会团体、采购部门和消费者个体对认可结果的利用。

实施实验室认可有如下优点:

1)可提升实验室的质量管理水平和技术能力,促进实验室的规范运作;

2)表明实验室具备了按有关国际准则开展校准和检测服务的技术能力;

3)可增强实验室在检测市场的竞争能力,赢得政府和社会各界的信任,并获得与CNAL签署互认协议国家和地区实验室认可机构的承认,有利于消除非关税贸易壁垒,促进工业、技术、贸易的发展;

4)通过参与国际间实验室认可双边、多边合作,可得到更广泛的承认,认可实验室被列入《国家认可实验室名录》,有利于提高实验室的知名度,有利于开展检测业务,提高经济效益;

5)认可实验室可进行特定项目的检测,有利于实验室专业化建设;认可实验室还可以将部分项目按分包要求分包给其他认可实验室检测,避免重复建设,充分利用有效资源,优化资源结构。

二、我国的实验室国家认可体系

自 1946 年澳大利亚首开实验室认可活动以来,经过 60 多年的发展,国际上将其作为通行的对检测和校准实验室能力进行评价和正式承认制度,在发达国家已将实验室认可体系与计量体系、标准体系视为国民经济发展的重要"技术基础设施"。我国实验室认可体系经过 10 多年的发展,实现了由分散到集中,由国内到国外,由弱小到壮大的飞跃,为完善我国日益形成的校准和检测市场,提高我国实验室的校准和检测水平,促进国际贸易和经济增长作出了贡献。

2002 年 7 月,我国结合当时的认证认可国际国内发展的实际,相继成立了中国认证机构国家认可委员会(CNAT)、中国实验室国家认可委员会(CNAL)、中国认证人员与培训机构国家认可委员会(CNAT)三个认可委员会,初步实现了我国国家认可工作的初步统一。随着认证认可工作的发展,近年来国际认证认可界发生了新的变化。人员注册工作被明确为认证活动的范畴,按照国际组织的要求,要从认可实体中分离。国家设立一个认可机构实体、成立一个覆盖认证机构、实验室、检查机构等全部认可制度的委员会、以一个认可机构的名称和标徽开展国家认可工作已经成为发展的大趋势。根据认证认可国际国内形势的发展,国家认监委决定对我国的认可组织体系进行调整,成立中国合格评定国家认可委员会(China National Accreditation Service for Conformity Assessment,英文缩写为 CNAS)。目前,CNAS 已取代原中国实验室国家认可委员会(CNAL)继续保持我国认可机构在国际实验室认可合作组织(International Laboratory Accreditation Cooperation,英文缩写为 ILAC)中实验室认可多边互认协议方的地位。

中国合格评定国家认可委员会(CNAS)作为国家认监委批准设立并授权的国家认可机构,统一负责对认证机构、实验室和检查机构等相关机构的认可工作。其宗旨是推进我国合格评定机构按照相关的标准和规范等要求加强建设,促进合格评定机构以公正的行为、科学的手段、准确的结果有效地为社会提供服务。认可委员会的成立是我国集中管理认可工作的需要,也是适应认可工作国际发展的需要,这将有助于认可工作的统一、规范和高效,有助于更好发挥认可工作对认证市场的监督和保障机制。

我国实验室认可自 2002 年建立集中、统一的国家认可体系以来,其权威性日益得到广大实验室、社会各界、政府部门和国际同行的认可,在认可数量、认可质量和认可有效性方面进入了一个更高水平,并扩大了国际互认的范围。

实验室认可是为校准和检测实验室出具的数据准确提供保障,计量工作的重心也是确保数据的准确。伴随着全球经济和贸易一体化趋势的发展,CIPM、BIPM、BIML 与国际实验室认可合作组织(ILAC),APMP、APLMF 与亚太实验室认可合作组织(APLAC)均在商讨建立"全球数据互认体系",希望在达成全球共识的基础上,进而为国际计量基准,各国国家计量基(标)准及其测量溯源体系,以及计量院、校准/检测实验室能力的认可,制定出统一的操作规划或游戏规则。在这全球体系的框架中,实验室认可体系的是互认基础,因此 CNAS 认可工作为校准实验室提供能力保障服务的同时,也在为全球计量体系的互认提供服务。

三、企业实验室如何获得国家实验室认可

实验室通过国家认可是反映检验机构技术水平和服务能力的重要标志。企业实验室申请成为国家实验室的主要工作流程如图 6-1 所示。

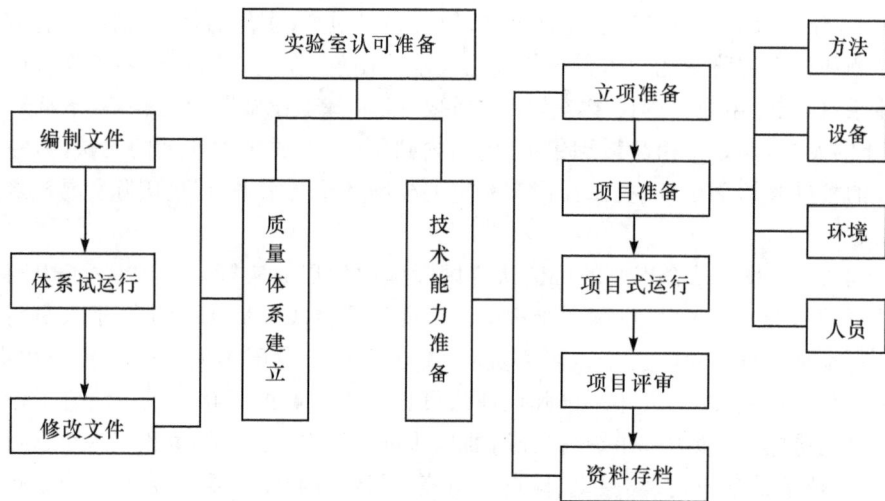

图 6-1　新增检测项目的管理程序流程图

1. 质量体系的建立

(1)编制质量体系文件

为了使实验室能够科学高效地运行,首先要建立一个完整的体系,搭建一个合理的机构,这个机构要分工明确,职责清晰,然后要通过编写一套质量文件使这个体系文件化。质量体系文件一般包括质量手册和程序文件,若需要还可将检验规范、操作规程或者一些非常细化的内部工作规定纳入其中。质量手册是阐明实验室质量方针以及为保证实施该方针而采用有效的制度和措施的纲领性文件。程序文件是将质量手册中描述的体系转化成可实施的操作体系的文件。程序文件的编写应简练明确,操作性强,不宜盲目追求数量和篇幅。

编写质量手册时首先要确定组织机构图,明确职责划分,原则是不能遗漏也不能重复,然后程序文件中所有的职责规定都要与此吻合。在评审实验室的质量体系文件时,经常会发现程序文件中的具体规定与手册中的总体要求互相矛盾的情况,这应该引起编写者的充分关注。

(2)质量体系试运行

在质量体系文件编制完成后,需要试运行质量体系,一方面可以发现文件与实际运行矛盾之处,以便修改、完善文件;另一方面可以形成质量体系运行的有关记录,如内部审核、管

理评审、人员技术档案、设备档案等记录,在认可评审时作为质量体系运行状况的证据提供给评审员。

CNAS 通常要求实验室质量体系的试运行时间不少于 6 个月,方可申请认可。

(3)修改完善质量体系文件

在质量体系试运行过程中,必然会发现一些体系文件中规定的不合理或不完善之处,这就需要对文件进行修订,以使质量体系趋于完善。

2. 技术能力准备

实验室认可不完全等同于 ISO9000 的体系审查,它不仅要求建立质量管理体系,而且要求保证所申报项目的技术能力。在实验室认可评审中,技术能力的核查是现场评审的重点,因此也应该是实验室在迎审准备工作中的重点。

具体而言,实验室最好制定一个《新增检测项目的管理程序》,实质上这个程序不论是对于初次评审还是日常技术储备都是适合的,尤其是对于不同于第三方实验室的企业实验室,在进行日常检测时通常只涉及标准中的某些条款,检测人员缺乏对标准的全面掌握和理解,加之在标准的跟踪、检测技术信息获得方面也存在一定障碍,企业实验室欲通过认可,技术能力的准备就成为重中之重。那么,对于新增加的标准应从哪些方面入手准备呢? 一般情况下,我们可以遵循图 4-3"技术能力准备"这部分所示步骤。

(1)立项批准

新项目的来源不外乎两种:一是实验室管理者通过市场分析预测确定的项目;一是客户要求,对于企业来说则是自身需求。无论是哪一种,一旦明确需要立项,要先通过立项报告简要阐明立项理由及进行成本核算,之后由实验室负责人或决策者决定是否批准执行。

(2)立项准备

立项批准后,进入立项准备。一般从方法、设备、环境和人员几方面入手,以满足实验室认可准则第 5 章技术要求中 5.2~5.6 条款的规定。

1)确定方法

首先确定试验方法,一般实验室优先采用以国际、区域或国家标准发布的现行有效的方法。要注意,标准属于外来技术文件,应根据认可准则中对文件控制的要求进行管理。一般企业实验室对于标准的管理还是比较规范的,因为大部分企业都通过了 ISO9000 体系认证,其对文件控制的要求也适用于实验室管理体系。

2)添置设备

设备的购买、加工或自制都需要一定周期,所以确认设备的工作要尽早完成。在进行这项工作时,应按照实验室认可申请书中设备配置表的要求,对照标准的每个条款,确认需要的设备是否具备,是否满足标准中的精度要求,是否尚需检定校准等。

3)改造环境

有些标准条款对试验房间的环境条件有规定,包括温湿度、污染物排放等,可能要通过安装空调、排风扇及空气再处理设施等来满足要求。

4)培训人员

检测技术人员对于标准的掌握程度直接影响到项目成败。因为无论是提出设备、环境的要求,还是操作试验和结果判定都取决于检测人员对于标准的理解。为此,通常采取自学和培训相结合的方式。

另外,要通过培训使测试人员掌握新增项目中涉及到的仪器设备的使用,同时还要注意保留人员培训的相关记录。根据准则5.2.5条款的规定"实验室应保留所有技术人员的授权、能力、教育和专业资格、培训、技能和经验的记录",不仅培训的过程需要记录,培训考评合格后的授权等也很重要。实验室一般采用上岗证和设备操作证的形式,但在审核过程中发现,实验室往往在整理这部分档案时出现遗漏,如某一项目的检测人员的上岗证中没有该标准,或设备操作证中未包括进行该项目试验时需使用的设备名称。

(3)试运行

这将直接验证检测工作是否到位,是否真正具备了该项目的检测能力。在这个环节中,检测人员同时要整理出检验规范,并最终出具检验报告底稿。

(4)项目评审

这个环节是最后把关。检测人员须将备好的所有相关材料上报实验室中此项工作的责任部门,由该部门组织专家进行评审,会签意见后由技术负责人签字生效。

四、实验室认可与法定计量检定机构考核的区别与联系

法定计量检定机构检定/检测/校准实验室与中国合格评定实验室认可的检测校准实验室,其实质上的共同点均是执行检测校准工作,而机构考核是国家对法定计量检定机构的强制行为,实验室认可则是实验室自愿的行为。

随着形势的不断变化,二者将愈来愈趋于尽可能的统一。例如,2007年国家质检总局计量司计量工作要点中指出"鼓励法定计量检定机构申请校准实验室认可,尽快提升校准服务质量和竞争能力,力争实现2007年所有省级计量院(所)全部通过校准实验室认可"。在今年的省级以上法定计量检定机构计量授权复查换证工作安排中,对已获实验室认可的省级以上法定计量检定机构,可以选择机构复查考核与实验室认可初评/复评/扩项同时进行。可见,相关管理部门已从组织形式上逐步简化考核评审手续,试图通过这种"二合一"的评审方式来达到既提高法定计量检定机构管理水平和技术能力,又减轻机构(实验室)负担的目的。

第四节　资质认定

一、计量认证

计量认证(China Metrology Accreditation,简称CMA),其目的在于考核产品质检机构的计量检定、测试的能力和可靠性,证明其为社会提供公正数据的资格。计量认证的主要依据是ISO9000质量体系认证、JJG1021—90《产品质量检验机构计量认证技术考核规范》。其不包含对实验室人员和运作的技术要求。获得计量认证只能证明实验室具备完整的质量管理体系,不能保证检测/校准结果的技术可信度。

计量认证工作是一项重要的技术基础工作。20世纪80年代中期,我国依据《计量法》、《标准化法》、《产品质量法》及相关法规和规章,对产品质量监督检验机构(质检机构)实行计量认证和审查认可(验收)考核制度。这对评价质检机构的能力、规范检验行为、提高检测水平等方面起到极大的促进作用。

最初计量认证针对的是产品质检机构,或者说主要针对有形的商品检验机构,后来计量认证扩大范围到所有出具公证数据的检测实验室,包括环保、医疗卫生、科学研究教育类的实验室。

近年来,随着我国向国际惯例接轨,计量认证的考核内容也有所调整,对质检机构的要求与国际通用要求一致起来。

二、计量认证与实验室认可的比较

计量认证与实验室认可在许多方面具有可比性。计量认证与实验室认可的比较如表6-1 所示。

表 6-1　计量认证与实验室认可的比较

项目	计量认证(CMA)	实验室认可(CNAL)
实施目的	提高质检机构的管理水平和技术能力	提高实验室管理水平和技术能力
评审依据	《计量法》第22条,计量认证/审查认可(验收)评审准则或 JJG1021－90,等效采用 ISO/IEC 导则 25:1990	CNAS－CL01:2006(等效采用 ISO/IEC17025:2005)
工作性质	强制性的,未经计量认证的质检机构不得向社会出具公证数据	自愿性的,实验室认可的原则中第一项原则就是自愿原则
面向对象	向社会出具公证数据的产品质检机构(属于第三方的各类质检机构/检测实验室)	社会各界实验室(第一、二、三方的检测/校准实验室)
类型	两级认证(国务院和省)	一级认证(国家认可)
实施	省级以上质量技术监督部门	中国合格评定国家认可委员会(CNAS)
考核内容	管理要求和技术能力要求(24 个要素)	公正性和技术能力(13 个要素)
结果效力	获证书,可使用 CMA 标志,出具的检验报告具有法律效力	获证书,可使用 CNAL 标志,出具的检验报告国际互认
国际接轨	仅对国内适用,不能与国际接轨	国际通行做法
发展动态	继续维持,因有法律依据	ISO/IEC17025 标准,还不能与 ISO9000:2000 标准完全兼容

可见,计量认证与实验室认可在目前还处于并存状态。考核内容调整以后,对于国家质检中心、部门的质检机构来说,他们在申请计量认证的同时,很自然也会申请实验室认可。因为,对他们来说只要达到计量认证合格,必然达到实验室认可合格。也就是说,能够通过一次评审得到两个合格证书。这越来越促进我国实验室认可工作的扩展。对于省级以下的质检机构,一般只需按一个考核规范进行计量认证(审查认可)即可,由省、市、自治区质量技术监督局分别颁发计量认证合格证书或审查认可合格证书。对于要取得实验室认可证书的,则可直接向国家实验室认可委提出申请,由国家组织评审考核及发证。

三、审查认可

1.审查认可的概念

审查认可工作是根据《标准化法》、《标准化法实施条例》、《产品质量法》、《国家产品质量监督检验测试中心管理办法》、《产品质量监督检验站管理办法》等法律法规的规定,从 20 世纪 80 年代末几乎与计量认证制度同时开始实施的一项针对承担监督检验、仲裁检验任务的各级技术监督部门的质检所和质量技术监督部门授权的国家和省级质检中心(站)的一项行政审批制度。

审查认属于强制性的政府行为,由国家、部门、地方政府部门组织考核,既考核能力,同时授权,授权其代表国家行驶产品监督。是具有中国特点的政府为实验室的强制认可行为。考核依据有质技监认函[2000]046 号文、GB/T15481－2000《检测和校准实验室能力的通用要求》、《计量法》、《标准化法》、《产品质量法》。由国务院批准国家认监委负责组织实施(国认实函[2002]78 号)。考核周期为 5 年。

经审查认可评审符合要求的质检机构,发给产品质检机构考核合格证(验收证书),并对验收检验的产品予以授权(授权证书),可使用中国考核合格证和中国考核合格检验实验室"CAL"标志。

2. 审查认可的实施情况

1986 年,国家经济委员会颁布《国家产品质量监督检验测试中心管理实行办法》,明确规定对产品质量监督检验测试中心进行审查认可的审查机关是国家标准局,并受理审查认可,检测中心的认可机关是国家经济委员会,此次正式开展了质检机构审查认可工作。

审查认可工作在实施方式、评审准则上与计量认证几乎一样,只是依据的法律法规不同,针对的对象不同。计量认证是针对社会所有的出具公证数据的实验室;审查认可只针对技术监督局依法设立的和依法授权的质检中心(站)。

随着我国加入 WTO,对检验机构的考核标准与国际上对实验室考核的标准日趋一致。由于计量认证、审查认可均是对为社会提供公证数据的法定产品质检机构,并且考核依据相同,并以 GB/T5481 作为质检机构的基本条件,为了减少质检机构的重复评审,目前已将计量认证、审查认可一并进行,评审合格后发两个证书,这就是"二合一"评审准则——《产品质量检验机构计量认证/审查认可(验收)评审准则》,替代了原计量认证考核条款(50 条)和审查认可(验收)条款(39 条)。该"二合一"评审准则已于 2001 年 10 月 24 日发布,2001 年 12 月 1 日实施。如对国家质检中心往往实行"三合一"评审,即计量认证、审查认可、实验室认可。符合要求者发给授权证书,计量认证证书和实验室认可证书。对省级质检所评审合格者,发给质检所验收证书和实验室认可证书,计量认证一并进行的同时发给计量认证证书。这有利于减轻对质检机构现场评审的负担,而对质检机构的要求并没有降低。

四、实验室和检查机构资质认定

2006 年 2 月 21 日,国家认证认可监督管理委员会通过国家质检总局第 86 号局长令,发布了《实验室和检查机构资质认定管理办法》(以下简称《办法》),这是国家认监委关于实验室和检查机构资质认定管理的重要文件,是加强对检测市场、检验机构监管的重大举措。需要说明的是,《办法》推出的资质认定不是一项新的行政许可,而是把实施了 20 年的计量认证和审查认可两项行政审批制度统称为资质认定。《办法》中资质认定不包括实验室认可。

《办法》将计量认证的范围由检测实验室扩大到了扩大到了检测和校准实验室,检测和校准实验室都要经过省级以上资质认定。传统来看计量认证和审查认可都不包括校准实验室,而校准机构、校准服务是近几年兴起的事物。对校准机构、校准市场的管理,过去一直比较模糊,《办法》的出台,使我们对校准市场的监督管理有了依据,但由于它刚刚出台,针对校准实验室具体如何进行资质认定,有关评审补充要求正在制定当中。

《办法》还将资质认定的范围扩大到另外一些领域,比如检查机构。过去检查机构是个模糊的问题,大家熟悉的检查机构包括锅、容、管、特、电梯、索道等领域的检验机构,但《办法》第43条规定:本办法所指的检查机构,是与认证活动有关的检查机构,这就把《办法》所能管辖的检查机构的范围限定在了一个相对较窄的范围,但在实际工作中,申请资质认定的检查机构可能远远比它宽。

对检查机构的资质认定,借用了审查认可这个词,对检查机构发审查认可证书,突破了原来审查认可的概念。过去的审查认可指对质检机构的验收、国家级质检中心和省级授权站的授权,现在发布的《关于启用资质认定证书的通知》(国认实〔2006〕25号)规定了4种证书形式:检测和校准实验室的计量认证证书、监督检验机构的授权证书、技术监督系统的质检院(所)的验收证书、检查机构的审查认可证书。对检查机构的资质认定颁发审查认可证书,颠覆了过去的审查认可工作概念,需要宣传,需要时间进行消化。

此外,过去计量认证证书、验收、授权证书有效期都是5年。现在国家质检总局决定将资质认定证书的有效期由5年改为3年,是从加强监管角度考虑的。

资质认定评审准则的发布,促进和保证了实验室资质认定评审客观公正、科学准确、统一规范,有利于检测市场的规范、检测资源的共享,避免不必要的重复评审。

第五节　比对和实验室能力验证

一、实验室能力验证的概念及其作用

1. 实验室能力验证的概念

能力验证(Proficiency testing)是通过实验室间比对来判定实验室能力的活动,包括由实验室自身、实验室顾客、认可或法定机构等对实验室进行的评价。它是一项通过发送样品至实验室进行实际测试/测量,再将所有参加实验室的结果数据进行统计分析,依据每个实验室与其他实验室结果的一致性来判定实验室对于特定项目的检测能力的活动。

2. 实验室能力验证的作用

由于能力验证是一种实际测试活动,是通过测试数据来"说话"的,因此其结果也就更能够得到人们的信任。能力验证的作用体现在:

1)对实验室而言,是其进行内部质量控制和对外提供证明的需要;

2)对实验室认可机构而言,是评价实验室检测能力的技术手段;

3)对实验室的用户而言,是证明实验室具备某项检测能力的重要证据;

4)对政府主管部门而言,是评价和监管实验室的有效措施。

因为能力验证是通过外部措施来补充实验室内部质量控制的手段,当实验室开展新项目以及对检测/校准质量进行核验时,就显得尤为重要。

由于能力验证具有显著的作用,因而在国际上越来越得到广泛的重视,很多国家已经把能力验证作为评价实验室检测报告/证书有效性的重要技术手段,并已俨然成为了新的国际贸易技术壁垒手段。在 1997 年,ISO 和 IEC 联合发布了 ISO/IEC 导则 43《利用实验室间比对的能力验证》,为能力验证活动的规范开展建立了依据。

二、实验室间比对的概念及其作用

1. 实验室间比对的概念

实验室间比对是指按照预先规定的条件,由两个或多个实验室对相同或类似被测物品进行检测的组织、实施和评价。也就是说,实验室比对是一个活动过程,包括策划和组织、实施和评价三个阶段。

能力验证按参加实验室的性质可分为校准实验室比对和检测实验室比对。

校准实验室比对一般为量值比对,也称测量比对。其特点是被测量物品多为一件量具或仪器。其指定值一般由高一级实验室给出,给出值的测量不确定度应小于多数参加实验室给出的不确定度的 1/3。被测物品的传递方式多为循环式。为了确保比对结果的可靠,也有采用辐射式或者循环式和辐射式混合运用的。为了确保比对的成功,比对所耗费的时间也比较长,因此要求被测量物品稳定性好。

检测实验室间比对也称实验室间检测计划。其特点是被测对象是从同一材料源中随机抽取的次级样品,同时分发给各参加实验室进行检测。校准实验室中用标准物质校准分析仪器的校准实验室间的比对也只能用此种方式进行。由于是从同一材料源中随机抽取样品,因此也要求材料均匀性好,不能因材料的不均匀而影响检测结果。被测物品的指定值通常只能取各参加实验室的平均值。相比校准实验室的比对而言,整个比对过程时间较短,但为了保障结果统计分析的有效性,它要求有一定数量的实验室参加。

就检测实验室的能力验证而言,除检测实验室间的比对外还有定性计划和部分过程计划。定性计划中,不是要求实验室检测某个量值,而是要评价实验室识别某种物品的能力(如识别石棉的类型、特定病源有机体等)。而部分过程计划则是考核检测过程中的某个环节,如考核实验室转换和报告一套给定数据的能力,或根据规范抽取和制备样品的能力。

总之,就实验室能力验证而言,比对和能力验证是同一件事情。比对是手段,能力验证是目的。对比对结果进行统计分析,就可以评价参加比对的实验室的能力。

2. 实验室间比对的作用

由于比对的结果反映了实验室的综合能力,即比对结果反映了影响检测结果的各要素——人(操作人员)、机(所用仪器设备)、料(被测对象)、法(测量方法)、环(测量环境)、标(测量所用的标准器)的综合影响。因此,比对一般有以下目的和作用:

1)确定各参加实验室的能力,以统一量值,如我国各大区开展的量值比对;

2)确定一种测量方法,特别是新方法的能力特性;

3)给标准物质赋值;

4)监控已建立的测量方法的有效性和可比性;

5)识别实验室的问题以采取纠正措施,如我国为某些计量器具监督检查后暴露出的问题而开展的比对;

6)提高实验室客户对实验室的信任度。

三、能力验证与溯源共同保证测量的一致性

1998 年,国际计量委员会向米制公约组织作了题为《国家与国际对于计量的需求:国际

合作与国际计量局的作用》的报告，报告中对能力验证与溯源对于保证测量一致性的作用作了阐述。

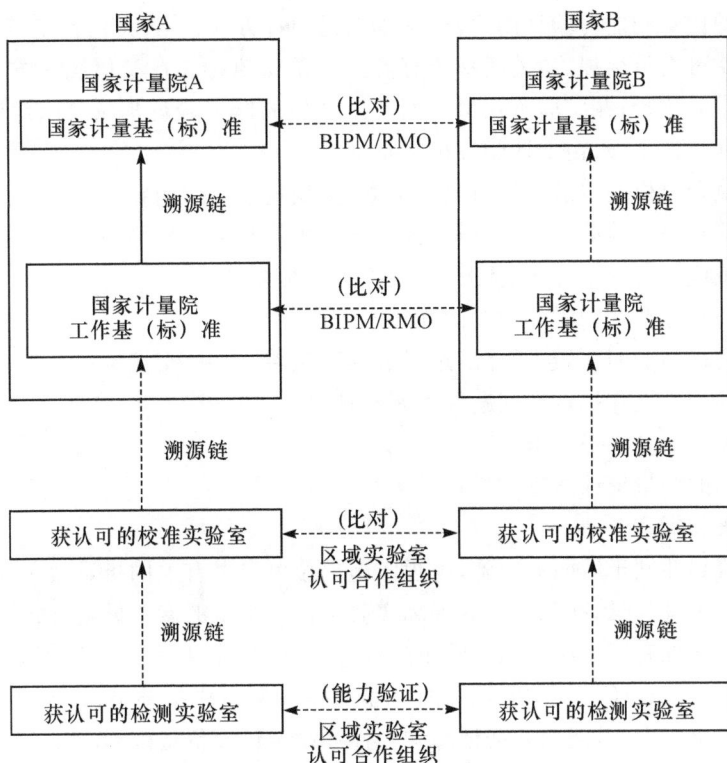

```
        国家A                              国家B
  ┌─────────────────────┐        ┌─────────────────────┐
  │     国家计量院A       │        │     国家计量院B       │
  │ ┌─────────────────┐ │ (比对) │ ┌─────────────────┐ │
  │ │ 国家计量基（标）准 │◄┼──────┼►│ 国家计量基（标）准 │ │
  │ └─────────────────┘ │BIPM/RMO│ └─────────────────┘ │
  │        ▲             │        │        ▲             │
  │      溯源链          │        │      溯源链          │
  │ ┌─────────────────┐ │ (比对) │ ┌─────────────────┐ │
  │ │    国家计量院     │◄┼──────┼►│    国家计量院     │ │
  │ │  工作基（标）准   │ │BIPM/RMO│ │  工作基（标）准   │ │
  │ └─────────────────┘ │        │ └─────────────────┘ │
  └──────────▲──────────┘        └──────────▲──────────┘
           溯源链                          溯源链
  ┌─────────────────────┐ (比对) ┌─────────────────────┐
  │   获认可的校准实验室  │◄──────►│   获认可的校准实验室  │
  └──────────▲──────────┘  区域实验室 └──────────▲──────────┘
           溯源链        认可合作组织     溯源链
  ┌─────────────────────┐(能力验证)┌─────────────────────┐
  │   获认可的检测实验室  │◄──────►│   获认可的检测实验室  │
  └─────────────────────┘  区域实验室 └─────────────────────┘
                          认可合作组织
```

图 6-2　通过国际计量局（BIPM）、区域计量组织（RMOs）和区域实验室认可合作组织（如 APLAC、EA 等）横向核查处于不同溯源等级的实验室间的测量等效性

图 6-2 所示为两个国家或经济体的溯源等级图，即检测实验室使用的检测设备或计量标准溯源到校准实验室，校准实验室使用的校准设备或计量标准溯源到国家计量院的计量标准或工作基准，直到国家计量基（标）准。

可以看出，为检查或验证这种纵向溯源路径的有效性和连续性，区域实验室认可合作组织（如亚太实验室认可合作组织 APLAC、欧洲认可合作组织 EA）必须对该区域内国家或经济体进行校准实验室间的横向比对和检测实验室间的能力验证。通常所说的能力验证，包括了校准实验室间的比对和检测实验室间的能力验证，比对是通过对测量结果的量值的比较评价实验室的校准能力，能力验证则通过对实验室检测结果的分析对其能力予以确认。由于校准仅仅是对测量仪器计量特性的确认，实验室是否具有相应的校准能力还需通过比对得以确认。

由于能力验证与溯源在保证测量一致性中的地位与作用不同，因此不能相互替代。但是，当量值难以或无法溯源时，参加适当的实验室间比对可增强人们对测量一致性的信任，由国际计量局（BIPM）或区域计量组织（RMOs）组织的国家计量院（NMI）计量基准的比对即属这一情形，关键项的比对为国家计量院所出具的校准证书的互认提供了基础。

四、比对和能力验证的策划

目前我国的比对和能力验证的提出,基本上是两种方式:一种是由计量行政管理部门或国家合格评定认可委员会提出,委托一个有能力的单位执行。在量值统一方面一般由国家大区计量测试中心执行;在实验室认可方面是由认可的能力验证提供者来组织实施。另一种是由有能力的单位申报,由上述管理机构批准。

能力验证执行单位确定后应进行具体策划,策划应解决的问题包括:

1)选择检测对象和检测方法:一般应该是参加单位日常所检测的对象和方法;

2)参加单位应具备的条件(包括硬件、软件和人员要求);

3)整个能力验证持续的时间和时间安排;

4)有关检测样品的问题,包括样品选择、制备、包装、运输、交接等;

5)检测样品均匀性和稳定性问题的控制和评价;

6)检测数据记录及上报要求;

7)指定采用的结果统计处理方式;

8)结果报告和保密考虑。

为了搞好策划并利于后面的实施,组织实施单位可参考有关的指导性文件。目前,国内参照国际计量组织、国际标准化组织和国际实验室认可组织的有关导则,已制定了一系列指导性文件。这类文件有国家质检总局颁布的《国内计量基准、标准比对管理规范》,及中国合格评定国家认可委员会(CNAS)颁布的《能力验证组织和运作指导书》、《能力验证结果的统计处理和能力评价指南》、《能力验证样品均匀性和稳定性评价指南》等。

五、比对和能力验证的实施

在策划完成后,应报请有关管理单位批准。对由计量行政部门为统一量值组织的比对,由相应的计量行政管理部门批准执行。国家实验室认可管理机构承认被认可的校准实验室参加由我国大区一级计量中心组织的量值比对为有效的能力验证活动。我国检测实验室的能力验证一般由 CNAS 秘书处能力验证处根据需求分析或 CNAS 的专业委员会提出,承办单位在方案制订完成后都要经 CNAS 批准。

能力验证计划的基本类型有如下几种:

(1)测量比对方案

测量比对一般是将被测物品作为"盲样",按照拟定的顺序依次在各参加比对的校准实验室之间传递,实验室在规定时间内完成对"盲样"的测量工作,参考实验室将各测量结果与指定值比较,通常采用 $|E_n|$ 值来评定参加实验室的校准能力。习惯上,测量比对方案在我国也称为量值比对方案。

量值比对方案具有以下 6 个特征:

1)按规定顺序和时间进行测量;

2)被测物品的指定值由参考实验室提供;

3)被测物品的稳定性要好,比对过程中不会被破坏;

4)当参加实验室较多时,由于实施周期较长,可能需要核查被测物品;

5)各个测量结果要与参考值相比较,并考虑各实验室声称的测量不确定度;

6)被测物品为测量仪器。

（2）实验室间检测方案

实验室间检测一般是由主导实验室(有时也称能力验证提供者)从被测物品中随机抽取若干份,同步分发给各参加比对的检测实验室按约定方案进行检测。主导实验室从所有检测结果中取其平均值或中位值作为指定值(公议值),将各参加实验室的检测结果与该公议值进行比较,通常采用 z 比分数来评价其检测能力。实验室间检测方案也称为检测比对。

实验室间检测方案具有以下 4 个特征:

1)按规定顺序和时间进行测量;

2)被测物品必须充分均匀,其不均匀程度不致对参加实验室结果的评价产生显著影响;

3)被测物品的性能稳定,检测后通常被破坏;

4)要求有一定数量的实验室参加,以保障统计结果的有效性。

（3）分样检测方案

该方案将某种产品或材料的样品分割成两份或几份,每个参加实验室检测每种样品中的一份,以识别实验室提供数据的复现性/重复性和系统偏差,并可验证纠正措施的有效性。如适用,其中一个参加实验室可作为参考实验室,其检测结果将作为参考值。

在商贸交易中经常采用此方案,即把样品在代表供方的实验室和代表买方的另一个实验室之间进行分割。

这时,常常把另一个样品保留在第三方实验室,以便当供方和买方实验室出具结果中出现显著差异时进行仲裁检测。

（4）定性方案

该方案的目的是评价实验室对特定物品某一特性的识别能力,例如识别待检物品是否存在某一组分、属于哪一类型等。对定性的结果通常无须计算。

（5）已知值方案

该方案要求实验室制备已知量值的待检物品,通过对该物品的检测结果与已知量值(指定值)的比较来评价其检测能力。实际上,该方案无须多个实验室参加。

（6）部分过程方案

该方案用于评价实验室完成检测全过程中若干部分的能力。例如,评价实验室转换和报告一套给定数据的能力(不进行实际上的检测)或根据规范抽取和制备试样的能力。该方案也无须多个实验室参加。

六、比对和能力验证的统计分析及能力验证结果报告

在进行统计分析前,一般要对各参加实验室提供的数据用直方图的方法进行检验,验证是否符合统计规律,也就是直方图应呈钟形分布,符合统计规律后再做进一步分析。

统计分析涉及问题包括:指定值的确定;能力验证评价参数的选取和计算;对于检测实验室计划还应对被检测物的均匀性和稳定性作出评估。对均匀性和稳定性的评价,一般都由参考(或称主导)实验室进行。

在比对工作完成,各参加实验室上报测量结果之后,负责组织实施的单位应编写并向批准这次能力验证的工作单位,即计量行政部门或 CNAS 能力验证处提交总结报告,由这些单位组织专家进行评价,起草单位根据评价意见作必要修订后,管理部门将向社会公布报告。

　　报告的内容除项目目的、时间、参加单位、检验样品、样品的制备、均匀性和稳定性检测、检测方法等一般信息及本次能力验证的总结性意见外,报告的重点是比对检测的结果及其统计处理和评价。这一部分内容多用列表和图来表示,但不同的比对,其表述也不一致。

　　对量值比对而言,参加单位除报出检测结果外,还应上报测量不确定度,以便计算 En 值。公布结果则包含了对参考值(指定值)之差、扩展不确定度和 En 值。

复习思考题

1. 从事计量工作的实验室分为哪几类?
2. 我国对实验室能力的考核方法有哪些?
3. 什么是法定计量检定机构考核? 其主要内容是什么?
4. 什么是实验室认可? 它与法定计量检定机构考核有何区别与联系?
5. 什么是资质认定?
6. 什么是实验室能力验证? 其作用是什么?
7. 什么是实验室间比对? 它有哪些作用?

参考文献

1.李宗扬主编。计量技术基础。北京:原子能出版社,2002

2.朱宏忠主编。计量管理基础。北京:原子能出版社,2002

3.国家技术监督局政策法规宣传教育司计量司组编。计量管理。北京:中国计量出版社,1997

4.李东升。计量学基础。北京:机械工业出版社,2006

5.中国计量测试学会。中国计量测试年鉴。西安:西安地图出版社,2003

6.施昌彦。国家计量体系和我国的量值溯源体系.工业计量,2001,(3)

7.岳峻峰,朱鹤年。SI基本单位的研究进展与改制动向。物理,2007,36(7)

8.戴孝华。关于量值传递体系的思考。中国计量,2000,(4)

9.赵天川。计量管理基础知识系列讲座 第五讲 计量检定及其实施。中国计量,2008,(5)

10.王为农。计量管理基础知识系列讲座 第七讲 检定规程和校准规范。中国计量,2008,(7)

11.刘亚民,刘庆,张苏敏,等。如何做好量值溯源工作。现代测量与实验室管理,2006,(4)

12.国家质检总局计量司。《计量标准考核规范》修订说明。中国计量,2008,(4)

13.丁跃清,芸珊,倪育才,等。新版《计量标准考核规范》系列讲座 第一讲 修订背景与主要内容。中国计量,2008,(6)

15.丁跃清,芸珊,倪育才,等。新版《计量标准考核规范》系列讲座 第二讲 计量标准的考核要求。中国计量,2008,(7)

16.丁跃清,芸珊,倪育才,等。新版《计量标准考核规范》系列讲座 第三讲 计量标准考核的程序。中国计量,2008,(8)

17.丁跃清,芸珊,倪育才,等。新版《计量标准考核规范》系列讲座 第四讲 计量标准的考评。中国计量,2008,(9)

18.宫赤霄。企业实验室如何获得国家实验室认可。家电科技,2008,(7)

19.戴润生。计量管理基础知识系列讲座 第八讲 比对和能力验证。中国计量,2008,(8)

20.施昌彦,虞惠霞。能力验证及其在检测/校准实验室中的应用。中国计量,2006,(2)

21.苗瑜。计量管理基础知识系列讲座第四讲计量标准的建立、维护、使用和管理。中

国计量,2008,(4)

22.柳建明,丁京安。质量计量基准的建立、现状及发展。物理通报,2002,(2)

23.魏寿芳。法定计量检定机构考核综述。中国计量,2007,(9)

24.乔东。构筑权威的实验室国家认可体系。中国计量,2005,(8)

25.张伟,魏寿芳。谈谈检测校准实验室认可、法定计量检定机构考核和产品质检机构计量认证/审查认可。中国测试技术,2003,(6)

26.李文龙。贯彻落实《实验室和检查机构资质认定管理办法》勾画质检事业美好明天。中国计量,2007,(9)

27.卢森锴,郭奕玲,沈慧君。2006年基本物理常数国际推荐值。物理,2008,37(3)

28.卢晓华。标准物质的溯源性与分级。中国计量,2007,(7)

29.刘清贤。标准物质的管理与量值溯源。现代科学仪器,2002,(1)

30.刘燕,刘增明。使用标准物质应注意的问题。中国计量,2001,(7)

31.陈传家。比对在量值传递和溯源中的作用及其它。工业计量,1998,(5)

32.魏寿芳,施昌彦。对《测量仪器比对规范》有关问题的说明。中国计量,2004,(12)

33.李庆忠,李春燕。两种计量比对。计量技术,2006,(3)

34.于清,隋峰。便携式二氧化碳红外线分析仪的应用和检定。化学分析计量,2007,16(5)

35.毛如增,王永连,李本涛,等。化学计量保证方案展望。化学分析计量,2000,9(3)

36.郑党儿。计量保证方案(MAP)的设计与实施。中国计量,2003,(1)